Data save failed

RE-END

死から問うテクノロジーと社会

編著
塚田有那・高橋ミレイ／HITE-Media

BNN
Bug News Network

4章

死後のアイデンティティと権利

個人データは誰のものか？

5章

意思決定

医療の現場に生じる多様な選択肢

終章

死とテクノロジーのゆくえ

五十嵐大介

「遠野物語」より
山には
さまざまの鳥住めど、
最も寂しき声の鳥は
オット鳥なり。
夏の夜中に啼《な》く。
昔
ある長者の
娘あり。

また
ある長者の男の子と
親しみ、
山に行きて遊びしに、
あ
スマホ
ない
落とし
ちゃった？
取って来て
あげるよ
え
いっしょ
に…
いいよ
一本道だし
待ってて

やさしい……
……遅いな……
隠れてるの？
男見えずなりたり。
どこに行っちゃったの……

ガサ
夕暮になり
夜になるまで
探しあるきしが、
これを見つくることを
えずして、
ついに
この鳥になりたり
という。

オットーン……
オットーン……
バサバサ

スー…
オットーン、オットーンというは夫のことなり。
末の方かすれてあわれなる鳴声なり。

柳田国男『遠野物語』五一話より

はじめに

わたしたちは死後、どこへ向かうのだろうか？

民俗学者・柳田国男は、著作『先祖の話』のなかで「眼前我々と共に活きている人々が、最も多くかつ最も普通に、死後をいかに想像しまた感じつつあるかというのが、知っておらねばならぬ事実」だと記している（＊1）。『先祖の話』は、柳田が東京大空襲を経て大量の死と向き合うなかで日本に通底する祖先観を再発見し、後世に残した一冊である。「人は死んでも霊は遠くへ行かず、故郷の山々から子孫を見守り、正月や盆には帰ってくる」といった観念が、古くからの習わしに無意識にも保存されていると柳田は説いた。

さて、それから半世紀以上が経ったいま、わたしたちは死後をいかに想像し、また感じているのだろうか。正月や盆の風習はいまも多くの家々に残っており、それぞれの信仰や価値観にひもづいた多様なる死のイメージが存在するだろう。「死んだ後のことなんて誰にもわからない」という声もきっとあるはずだ。しかし柳田の時代と決定的に異なるのは、インターネットとテクノロジーの存在である。

日々あらゆるネットサービスに触れるなかで、わたしたちはさまざまな個人データをネット上に残している。ネットの検索履歴、ＳＮＳの投稿から個人情報登録に至るまで、そこには無数のペルソナが存在している。それらが死後、どのように扱われるかを想像したことはあるだろうか。

もしあなたが著名なクリエイターだったとすれば、ＡＩを用いて新たな作品が発表されたり、生前の顔データを合成してあたかもいまそこで話しているかのようなＣＧ映像がつくられたりするかもしれない。ＡＩの技術競争もあいまって、亡くなった著名人を擬似的に「復活」させる事例は枚挙に暇がない。たとえ著名人でなくとも、遺族があなたの姿をバーチャル上で復元し、ＶＲ空間で「再会」

を果たすといったサービスなどが生まれる可能性は大いにある（実際にそうした事例はすでに発表されている）。

その技術の是非をここで問うことは避けるが、重要なのは、柳田が投げかけた「わたしたちはいかに死と向き合い、いかに死後を想像するのか」といった問いが、いま再びわたしたちのもとへめぐってきていることだ。死と向き合うことは、いまの生をとらえ直すことにもつながる。そして、自分や親しい人の「終わり」を考えるとき、日々つきあうテクノロジーの見え方も変わってくるのではないだろうか。

なぜ、いま死を問うのか

本書はＪＳＴ／ＲＩＳＴＥＸの研究領域「人と情報のエコシステム（ＨＩＴＥ）」の一プロジェクト「HITE-Media」から生まれた書籍である。「ＨＩＴＥ」とは、ＡＩやロボティクスなどの情報技術が浸透するなかで、これからの生活や社会状況がどう変化するのか、人間と機械の本質的な違いとは何か、そのときの法制度や倫理、人とテクノロジーのウェルビーイングな関係などをテーマとした研究領域であり、情報学や法学、科学技術社会論から哲学まで多様な研究者がそれぞれの研究プロジェクトを進めてきた。

この研究領域で何度も議論を重ねてきたのが「これからのＡＩ社会とはいかなるものか」という問いである。わたしたち「HITE-Media」は、その問いを専門家にとどめず、広く一般の人々とも共有するべく、さまざまなメディア施策を展開してきた。たとえば日本のマンガやアニメには、手塚治虫をはじめ、テクノロジーと人間の行く末を予見する数々の未来ビジョンが描かれている。ＳＦの世界で起こる悲喜こもごものエピソードは、読者一人ひとりの感情や想像力に働きかけ、そこで人がどう生きていくかを語りかけてくれる。こうしたファンタジーの持つナラティブを基軸に、「HITE-Media」ではマンガと社会をテーマとしたシンポジウムやハッカソンなどを開催してきた。本書でもマンガからひらかれる未来の声を集めるべく、素晴らしいマンガ家の方々に新作を描き下ろしていただいている。

この研究プロジェクトに携わるなかで長らく考え続けてきたことは、果たして「ＡＩ社会」などと呼ばれるものに実体はあるのか、この多様化する社会で、人々が未来に共通のイメージを抱くことなどはできるのか、という点だった。ＡＩやデジタルといった言葉だけがひとり歩きし、具体性を欠いた未来予想図を提示したところで誰の心にも響かない。これからの生き方を、誰かに教えられるのでも、気づかぬうちに規定されるのでもなく、個々の意志をもって考え、想像し、行動することはできないのだろうか？

３年半のプロジェクトを経てたどり着いたひとつの答えは、誰にでも１００％訪れる「死」をテーマとすることだった。あなたがいつか死ぬとき、または、あなたの親しい人や憧れていた人が亡くなるとき、これからのデジタル時代ではなにが変化し、なにが遺されるのか。そのとき、あなたはなににうしろめたさを感じ、なにを忌避し、なにを懐かしく想うのか？　この問いに正解はなく、一人ひとりの、そのとき感じた、考え抜いた分だけの答えがある。

本書では、民俗学や人類学、情報社会学や人工知能研究まで、さまざまな識者の方々に寄稿や対談、インタビューにご協力いただき、死をテーマにそれぞれの視点から論じていただいた。テクノロジーがいやでも絡み合う現代において、いま一度、生と死という永遠の連鎖に思考を委ねるとき、これからの社会を見据える新たな視座が見つかれば幸いである。

塚田有那

＊1　柳田国男『先祖の話』（角川ソフィア文庫、初版１９４６）。傍点は筆者による。

1章

RE-END

死と生の境界線を引き直す

ＡＩからバイオテクノロジーまで、テクノロジーが日々発展する一方で、日本は超高齢化を迎え、深刻な気候変動やウイルスによる災害が不可避となりつつある現代。不条理な「死」を超克する手段がこれまでの技術発展だったとすれば、いまはよりよい「生」を再考するために、もう一度「死」と向き合うときが来ているのかもしれない。本章では、民俗学、神話、そしてテクノロジーという三つの観点から、死と生の境界を引き直していく。

他者の死生を喚起するテクノロジーに向けて

ドミニク・チェン（情報学研究者）

コロナ禍を経てリアルに人と接触する機会は激減し、その日の死者数が連日報道されるようになった。今度さらなるデジタル化が進むなかで、人の死は日常から遠ざけられ、リアリティが薄れていくのだろうか。そうではなく、人の生や死の感触をより喚起するようなテクノロジーはありえないだろうか？　デジタル時代のウェルビーイングを研究する情報学研究者のドミニク・チェンが、さまざまな社会分断を超えた人間同士の接続可能性を語る。

死に触れられない時代

いま、死に触れられない時代を生きている、という実感を抱きながら東京で生活している。２０２０年前半のＣＯＶＩＤ‐19パンデミックを境に、人との接触が大幅に減ってしまったことで、他者の生に触れる機会が失われているという感覚が日増しに強くなっていった。それと同時に、世界中のニュース記事でウイルス感染によって死亡した人の数を見ることが日課となったのだが、それはあくまで数字という、体で実感することのできない情報である。もちろん、感染者数が上昇しているときには、自分や家族、そして身近な友人や知人たちの死の確率を無意識に計算している。逆に言えば、そのような統計的なリアリズムにもとづいた死と生の実感しか得られないことに戸惑っている、といったほうが実状に近いのかもしれない。

今回のパンデミックは、近しい人の死を看取ることができない状況を世界中で生み出した。愛する人の死に立ち会えない家族の悲痛と喪失感は察するに余りある。それはまさに触れるべき人の死に触れられないという経験そのものだろう。

ＣＯＶＩＤ‐19とは別の理由になるが、わたしも最近、子どもの頃から叔母のようにつきあってきた、近しい人の突然の訃報を受けた際に、その弔いに参加できないという経験をした。感染症対策が理由で彼女の通夜にも葬式にも参加できなかったのだ。だから、未だに彼女の死が実感できておらず、時おり本当に亡くなったのかさえ疑わしく思えてくる。そして、このような感覚をわたしが共に生きている家族に対して抱いたり、わたし自身が家族にとってその対象となる可能性がある、と考えてみると、自分という存在の輪郭が希薄になっていく。親しい人の死に触れられないということは、自身の生の条件にも関わるのだと感じる。

本稿を書いている2021年7月末時点の日本では、ワクチン接種は一定のペースで進んではいるが、1日1万人以上という国内の新規感染者数の過去最高値が記録された。東京では4回目となる緊急事態宣言は、東京五輪の強行という政治的な失策によって効果を発揮できていないこともあり、日々去年の数倍以上の新規感染者が出ている。それにもかかわらず、街中は昨年よりも人で溢れ返っているのだが、ソーシャルディスタンスを意識した生活が1年半も続くと、他者との接触を渇望するようになる気持ちはわたしも痛感している。わたしの場合、リモートワークの徹底は家族と過ごす時間がこれまでにないほど充足するという正の効果ももたらしたが、それでも狭いソーシャルバブルにいつまでも閉じこもることが自分の心身を害し始めていることにも気づいている。

数年後にはCOVID-19の変異スピードにワクチン開発のサイクルが追いつき、接種が行き渡るようになってほしいと祈っている。その祈りはなによりも、まだ幼いわたしの子どもが、これから成長する過程のなかで、自由に他者と出会い、未知の土地へ旅して、ふくよかな世界観を構築してほしいという願いにもとづいている。

同時に、それは叶わない希望的観測なのかもしれないという不安も払拭することができないでいる。また、今回のパンデミックがたまたま発生した一過性の災害などではなく、長年の環境破壊によって生態系のバランスが失われたことにも起因しているのだとすれば、ホリスティックな視点に立ってあらゆる人間の蓄積した知的体系を総動員しない限りは望めない未来なのだという思いも強まってきている。自分の次の世代に残す未来がもうないかもしれないなどという思いは、これまでSF作品を通してしか想像したことがなかったが、今回のパンデミックを経て俄然リアリティを帯びてきた。

このような時代にあってなお、わたしたちがいかにして他者の生と死に触れることができるのか、という問いは、ますます切実さを増していると言えるだろう。それは科学技術のあり方を議論するうえでも、重要な課題のひとつとして据え置くべきテーマでもある。

死と生に触媒される

COVID-19以前のこれまでの人生のなかで、わたしが自分自身や身近な人々の死の可能性を強く意識したのは、2001年9月11日のニューヨーク同時多発テロと、2011年3月に起こった東日本大震災と福島原発の事故という二つの大きな出来事だった。9・11の際にはアメリカで大学生活をしていたのだが、その時はテロリズムに巻き込まれて自分が死ぬ可能性を意識しながらも、アメリカを中心とした世界秩序に根付く大きな矛盾に深く絶望したように覚えている。しかし、より本質的に死生観が変容したのは、3・11の後に起こったいくつかの出来事を通してだった。それ以降、死者は生者と共に生き続けるのではないか、と考えるようになったのだ。

震災から一ヶ月が経とうとしていたときに、先述した叔母の父が亡くなられた。この人も、わたしを幼い頃から孫のように可愛がってくれた大叔父のような人だった。そのとき、突然の訃報に驚きながらも、長野の山奥の自宅で開かれた通夜を訪ねた。その晩、遅くまでご家族と共に故人の思い出を話し合い、従兄のように接してきた大叔父の孫と一緒に棺桶を安置した部屋の隣で過ごした。翌朝は近所の寺でお葬式があり、大叔父の妻と娘が能を舞った後に、火葬場でお骨を拾った。典型的な仏式の見送り方だと思うが、わたしは物心ついてから家族のように近しい人の死を見送る機会がなかったので、その一連の経験が強く印象に残った。そして帰りの電車のなかで一人、窓から山々の風景を眺めていたとき、故人と交わした会話が自然と思い起こされて、死者の記憶が生者のなかで生き続けるということを初めて実感したのを覚えている。このときは故人を看取ることはできなかったが、見送るプロセスに参加することで、彼の死に正しく触れられたように感じられたのだ。

震災の翌年には、かつてないほどに他者の生によって揺さぶられる経験をした。妻の出産に立ち会い、生まれたばかりの娘の姿を目撃したときに、奇妙にも自らの死が予め祝福される感覚を抱いたのだ。その感覚には親子という生物学的な関係性も介在していたと思うが、それだけに収斂《しゅうれん》されない、自己と他者の死と生が地続きの関係にあるという根源的な実感を得た気がした。この娘の誕生に自身の死が予祝されたという感覚に端を発し、コミュニケーションについて考察した『未来をつくる言葉』（＊1）という本をＣＯＶＩＤ－19パンデミックが始まる直前に上梓している。

死者の記憶が生者と共に息づく風景

新しい生に触れることで、自身の死がある種の安堵感と共に認識できるとは一体どういうことなのか。この名状しがたい感覚の謎と向き合うように、それから数年にわたって、あらためて宗教学や文化人類学の文献を読んだり、明治から昭和にかけて書かれた日本の近代文学作品を読み漁ったりしながら、それぞれに応答するように文章を書いてきた。特に、日本近代文学を読み直すという活動は『コモンズとしての日本近代文学』（＊2）という書籍に結実したのだが、編集を終えてからそこに収録した多くの作品が、死者の記憶が生者の生と共に息づいている風景を描いていることに気がついた。

寺田寅彦の随筆『どんぐり』は、共に公園でどんぐり拾いに興じていた亡き妻とまだ幼い娘の面影が重畳する視点を描いている。夏目漱石『夢十夜』では、百年前に殺した子どもに取り憑かれる夢のリアリティが生々しい。柳田国男の『遠野物語』は、死した人や他の生命たちが妖怪となって生者たちと共生している風景を描き出した。石川啄木『一握の砂』には亡くなった子どもたちの残像が色濃く映っているし、梶井基次郎『桜の樹の下には』は生の輝きが夥しい数の死者たちの存在によって支えられているという実感を描写している。岡本かの子の『家

＊1　ドミニク・チェン『未来をつくる言葉―わかりあえなさをつなぐために』（新潮社、2020）
＊2　ドミニク・チェン『コモンズとしての日本近代文学』（イースト・プレス、2021）

霊』には、食べることと食べられることとの連関のイメージのうえに、どじょう屋の店主と客、そして親子という縦横の時間軸が塗り込められている。折口信夫の『死者の書』では、いくつもの異なる時代を生きた過去の人物たちの魂が重なり合いながら、現世を生きる中将姫の観る風景に投影される。

この他の作品も合わせて、合計で21編の短編、長編、エッセイ、速記、そして講演録を読みながら、考えたことを短い文章にして書くという作業を２０１６年の暮れから２０２１年の夏まで続けた。実のところ、事前にテーマを決めて選書したわけではなく、気の向くままに読んでいっただけだったのだが、図らずとも日本という風土で培われてきた死生観を学び直す経験となった。そこから、死を生の断絶として忌避するのではなく、むしろ能動的に触れようとすることで、逆によりよく生を実感するという作法を学んだように思う。

そして、19世紀末から20世紀中盤に書かれた多くの日本文学が、死と生、自己と他者、個体と環境、そして過去と未来というように、近代社会が明確な境界線を引いてきた概念をいかにして同一の次元でとらえ直すかという視点を共有しているようにも感じられた。繰り返すが、このような生と死を二項対立ではなくひとつのスペクトラム上でとらえる視点は、科学技術のあり方を21世紀において再考するうえでも示唆に富んでいるだろう。

デジタル・ウェルビーイング

スマホの普及率が70％に達し、ＳＮＳが全盛となった２０１０年代後半において、情報技術によって世界中の人がつながるようになった。同時に、情報ネットワーク上で多くの社会問題も指摘されるようになった。ネットいじめ、炎上、スマホ中毒、フィルターバブル、フェイクニュース、エコーチェンバー、監視資本主義、キャンセルカルチャーといったキーワードが日常的に議論されるようになり、インターネットは現在と比べればはるかに牧歌的であった90年代とはまったく異なる様相を呈している。

デジタルテクノロジーは本当によりよき生き方をもたらしたのか、という反省がシリコンバレーの内部でも、また情報技術の研究者コミュニティのうちでも語られ始めた。人間の心が充足する仕組みを研究するウェルビーイングの分野と、ヒューマン・コンピュータ・インタラクションの領域が関連づけて議論されるようになった。わたしも、自身の企業経営の過程で開発した技術が人々にもたらす影響についてより深く知りたくなり、ウェルビーイングの観点からの情報技術の設計法を論じた『ウェルビーイングの設計論』（＊3）を研究者の渡邊淳司さんと監訳した。

この際に、従来のウェルビーイング研究が主に欧米社会のデータにもとづいてきたことを知り、文化差を考慮したウェルビーイングの体系的理解につなげるためにＪＳＴ／ＲＩＳＴＥＸの研究領域ＨＩＴＥ（人と情報のエコシステム）で日本文化になじむウェルビーイング・テクノロジーのあり方を研究するプロジェクト（代表研究者：安藤英由樹）にも参加している。

＊3　ラファエル・A・カルヴォ、ドリアン・ピーターズ『ウェルビーイングの設計論—人がよりよく生きるための情報技術』（ビー・エヌ・エヌ、２０１７、原題『Positive Computing』）

テクノロジーにおけるウェルビーイングを探る分野は「デジタル・ウェルビーイング」とも呼ばれるが、それはつまるところテクノロジーがどれだけ人々がよりよく生きる支援を行えているかを問うことと同義である。

従来の産業的視点が喧伝してきたように、利便性や効率性を謳って技術開発を行っているだけでは、長期的なウェルビーイングの持続は望めない。シリコンバレーの最前線で技術開発や経営に携わってきたエンジニアたちが多数出演し、自分たちがつくってきたさまざまなSNSの機能が社会の分断や精神状態の悪化をもたらしたかもしれないと逡巡するドキュメンタリー映画『The Social Dilemma』(＊4)は、デジタル・ウェルビーイングの追求がテクノロジーの利用者だけではなく、その発展に携わる人間たちにとっても切実な問題と化していることを示した。

「弱さ」を開示するインターフェイス

このような社会背景を踏まえながら、わたしは共同研究者たちとTypeTrace(タイプトレース)を使ったオンライン・コミュニケーションの実験を続けてきた。TypeTraceとは、アーティスト遠藤拓己さんとのアートユニットdividual inc.で開発した、キーボードのタイピングプロセスをすべて記録し、再生するソフトウェアだ。2007年に小説家の舞城王太郎さんにTypeTraceを使って新作の小説を書いていただき、東京都写真美術館の「文学の触覚」展(キュレーター：森山朋絵）で展示を行っている。それから10年以上が経ち、「情の時代」というコンセプトが掲げられた「あいちトリエンナーレ２０１９」で芸術監督の津田大介さんより出展を依頼されてdividual inc.で制作した『Last Words / TypeTrace』は、インターネットを介して不特定多数の人々が「遺言」を執筆するプロセスを収集する作品だ。

TypeTraceを用いた認知心理実験では、通常のチャットと、TypeTraceを用いたチャットの両方を被験者のペアに行ってもらい、相手の執筆プロセスが可視化されることが互いの認知、そしてコミュニケーションにどのような影響を与えるのかを調べた。すると、TypeTraceを使うときのほうが互いの感情表出が正（ポジティブ）の方向に振れて、さらに感情の強さも上がる傾向が確認された。アンケートを通した主観報告では、TypeTraceを使うことによって相互の存在感の認知が高まることもわかった。こうして分析を重ねながら、当初は展示作品として制作をしたTypeTraceが、日常的なコミュニケーションのインタフェイスとしても既存のSNSとは異なる認知的影響を与えることが次第にわかってきたのだった。

以上の知見を踏まえて、わたしたちはTypeTraceの新作を企画するうえで、人々が自分の「弱さ」を開示する文章の執筆プロセスを集めたいと考えた。現在の主要なSNSでは、ユーザーはフォロワーの数や投稿の評価数（いいね、ファボ、リツイートなど）が可視化されることで、常に比較対象とされており、そこでは、なるべく「強い自分」を演出するインセンティブが働いている。善悪の判断は置いておいたとしても、瞬間的に他者の注意を集めるべく、インパク

＊4　『The Social Dilemma』（邦題『監視資本主義』、Netflix、２０２０）

トの強い発言や画像を投稿することが奨励されているアーキテクチャーが形成されていると言える。

もともと、TypeTraceで文章を書き、公開することは、本質的に「弱さ」を開示する行為である。誤字や脱字を書き直したり、「言い淀み」のような間といった不完全さが記録されたり、可視化されてしまう恥ずかしさが伴う。その反面、読み手は、まるで会話において相手の発言を傾聴するように、書き手の「声」を聞き取る。匿名の状態で、相手のことを知らなくても、TypeTraceで書かれた文章が再生されると、相手に語りかけられているように感じられるのだ。

今日、思想や嗜好性といったフィルター属性によって分断されるインターネットのなかで、まさにフィルターバブルを破って人々が互いの発話に耳を傾けること。そのような状況を思い描くなかで、人生の最後に各人が誰かに宛てて書く言葉を集めたいと思い至った。たとえ想像のうえだとしても、人生最期のときという究極的に「弱い」状態を想起して文章を書くとき、その個人の価値観が赤裸々に表出される。

以上のような考えにもとづいて、わたしたちはあいちトリエンナーレ2019に向けて、TypeTraceをモダンなウェブブラウザで動作するように開発し、不特定多数の匿名ユーザーから10分以内に書かれた遺言（Last Words）を「10分遺言」として収集することにした。あいちトリエンナーレ2019の会期終了時点までに2300件以上の10分遺言が集まり、会期中は展示会場に設置した24台の壁面ディスプレイ、および机の上に配置した「Kinetic Keyboard」（TypeTraceデータと連動し、キーボードの打鍵を物理的に再現する）でそれらのテキストを常時再生するインスタレーションを展示した。

この作品は、現代の人々の死生観が表現されたテキストのアーカイブとして見ることができ

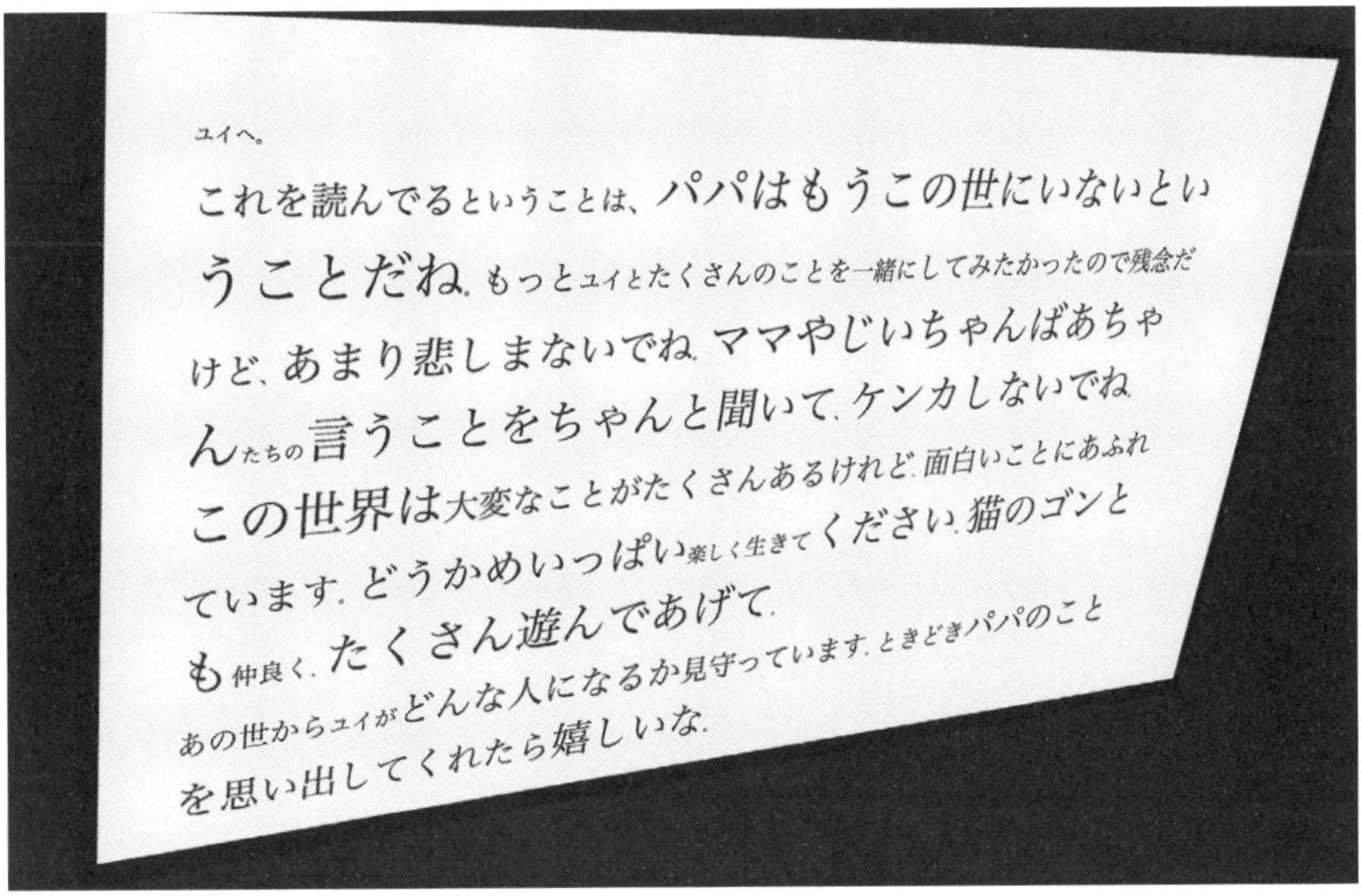

『Last Words / TypeTrace』dividual inc.（遠藤拓己＋ドミニク・チェン）
撮影：ドミニク・チェン

るだろう。10代から90代に至るまで、実に多様な人々からの投稿が集まり、わたしたちはそれらすべてを読む過程で、これまでのＳＮＳでは得られない、見知らぬ人々の生に直に触れるような感覚を抱かされた。

親から子へ、子から親へ、兄弟姉妹で、友人や恋人へ、そして故人といった、書き手にとって大切な人へ向けて、自分の生の終わりを想像しながら、10分間という限られた時間で綴られたテキストを読んでいると、それぞれの人が向き合ってきた現実像、そして愛でてきた価値観が凝縮されて表現されていることがわかる。

ある鑑賞者は、この作品について「全員が自分の死を想定して書いているのに、この空間にいるとみんなが生きているという事実のほうに注意が向く」と語り、そのことによって「救われる気がする」とも表現してくれた。だから、他者の死に触れる機会が減少したといわれる今日の社会において、本作はスマホやＰＣのディスプレイ越しでも他者の死生観に触れたり、触れられたりする体験をもたらしたのではないかと考えている。

あいちトリエンナーレ２０１９では周知の通り、「表現の不自由展」という展示セクションに対する猛烈な抗議が起こり、図らずとも社会の分断が可視化された。そして、少なくないアーティストがこの事態に対する抗議として展示作品の取り止めを決定した。わたしたちもこの問題を重く受け止め、深く考えたが、本作は政治思想の左右に分断された今日の社会に対するひとつの対案でもあるため、あいちトリエンナーレ２０１９開催期間の最後まで展示を続けることにしたのだった。

『Last Words / TypeTrace』に10分遺言を寄せてくれた２０００人以上の投稿者のうち、政治思想が互いに大きく異なる人も多くふくまれているかと想像される。しかし、死、つまり生の有限性を意識するという本作のセットアップのなかでは、社会的な分断は後退し、同じ人間同士としての接続可能性が示されるのだ。

情報技術によって「わかりあえなさ」が強化されているとすれば、わたしたちは逆に、眼前の短期的な対立を超えて、他者と静かに、深く感情を交わし合える方法をもつくることができるはずだ。会期を終えた頃には、この作品に触れてくれた鑑賞者のうちに、そのような希望が萌芽してほしい、と思うようになった。

死生を喚起するテクノロジー

『Last Words / TypeTrace』は2019年10月に展示を終えたが、奇しくもその3ヶ月後にはCOVID-19のパンデミックが始まり、冒頭で述べたように日常生活のなかで常に死について考えざるを得なくなった。それから今日までのあいだ、他者の死はおろか生にも触れることがますます困難になってきている。2020年9月には世界最大規模のメディアアートの祭典、アルスエレクトロニカの「Tokyo Garden」というプログラムに招聘され、『Last Words / Type Trace』を日本以外のネットユーザーに開放し、英語や中国語など多言語で書かれた10分遺言のオンライン展示を行った。この際、その一年前のあいちトリエンナーレのときよりも、遺言を書くというテーマ設定が、想像上のものであるとはいえ、はるかに現実的になったようにも感じられた。また、インスタレーション空間では、たくさんのディスプレイに流れるTypeTraceの文章に身を包まれるような身体感覚を生み出せたが、このときはスマホやPCのディスプレイに限定されるオンライン展示の限界も痛感させられた。

パンデミック以降の1年半ほどでオンライン環境に籠もりっきりになり、無数のビデオ会議をこなしつつ膨大な量のSNS投稿をディスプレイで見続けた結果、情報環境を通して他者とコミュニケーションを交わすことには不自由しないが、物理空間で共在するときほど深度のある交流は望めないということを実感させられてきた。

2020年はVRがさらに普及し、テレコミュニケーションの革新が起こることを期待する声も多く散見されたが、結局のところデジタル情報の解像度とネットワーク帯域を上げ続けたとしても、物理空間に遍在する圧倒的な情報量とそのリアルタイムな相互作用の深度からはまだほど遠いことが示されたように思う。他方でポッドキャストやラジオといった音声メディアへの注目度が高まっていることは興味深い。映像を伴わない声による情報の摂取や交流は、聞き手の意識をより能動的に駆動させる効果があるのではないだろうか。1970年代に行われた社会的存在感の研究では、音声のみによる会議のほうが、ビデオ会議よりも参加者の意見が変わりやすいという結果が示されたことを思い出す。声のみの聴取体験は、相手の外形に惑わされることなく、発話内容そのものへの注視を高めるのかもしれない。

『Last Words / TypeTrace』では複数の鑑賞者から、再生されるテキストの声が聴こえてくる気がする、という声が寄せられた。先述したように、固定化された最終形のテキストではなく、変化しながら生成されていく文字列を観るとき、まるで対面で話すときのような弱さが露呈する。その弱さとは、執筆者／発話者の開かれ（openness）でもあり、終わりが定まっていないこと（open-endedness）でもあり、それを読む／聴く人間がリアルタイムに想像やイメージを投影できる余地としても機能する。テキストの声を聴くというのはおそらく、意識の内でテキストを自分以外の声色で内声させているのを自ら聴取している体験かと推測する。

この意味において、声のみの情報と、TypeTraceの文字のみの再生プロセスは、二つとも時間的なメディウムであること、そしてそれに触れる者が無意識のうちに同時並行的な能動性を働かせることにおいて共通している。このことと、冒頭で書いたように、適切なかたちで大事な他者の死に触れられた後で、当人の声を思い出し、その記憶が体の内に浸潤していくことは深く関係している気がする。たとえ過去の記録もしくは記憶だとしても、それが眼前で顕現するとき、わたしたちはそれを現在という時制のなかで体験する。このような観点でさまざまな情報メディアをとらえてみれば、わたしたちが互いの死生を喚起しあい、触れあうことのできる条件が浮き上がってこないだろうか。

（どみにく・ちぇん）1981年生まれ。博士（学際情報学）。特定非営利活動法人クリエイティブ・コモンズ・ジャパン理事。NTT InterCommunication Center [ICC] 研究員、株式会社ディヴィデュアル共同創業者を経て、現在は早稲田大学文化構想学部准教授。テクノロジーと人間、そして自然存在の関係性を研究している。近著に『コモンズとしての日本近代文学』（イースト・プレス）、主著に『未来をつくる言葉―わかりあえなさをつなぐために』（新潮社）がある。その他の著書として、『謎床―思考が発酵する編集術』（晶文社）、『フリーカルチャーをつくるためのガイドブック―クリエイティブ・コモンズによる創造の循環』（フィルムアート社）など多数。

21世紀の「死者の書」

死者の公共性をめぐって

畑中章宏（民俗学者）

古来日本において、人々は「死者」をどうみなし、またどうつきあってきたのだろうか。また自然災害や飢饉があった際には、不条理な死を迎えた無数の死者たちをどう弔い祀ってきたのか。コロナ禍によって一日あたりの死者数が増え続けるいま、「死者の公共性」をいかにとらえるべきか、『死者の民主主義』などの著作で知られる民俗学者の畑中章宏が語る。

〝つきあいかた〟の検証と展望

わたしたちは、なにげなく送っている日々の生活のなかで、死者たちのことを思い浮かべることはあまり多くない。しかし、わたしたちの「民俗」のなかでは、死者たちを思い浮かべるための機会が習慣的に設けられてきた。そうした機会は内発的な心情に由来するものなのか、あるいは儀礼的、制度的に定められ、いまとなっては無意識的な伝統として継承しているものなのかは、注意をしてみる必要がある。

本稿では、わたしたちと死者たちのこれまでの〝つきあいかた〟を検証するとともに、未来に対する展望を語ることをめざしたい。

どのように遇してきたか

わたしたちと死者たちのつきあいかたを検証する際に、さまざまな場面を想定することができる。そうした場面はまず、「葬制」「葬送」の機会に立ち現れるわけだが、たとえば死者たちはどのように埋葬されてきたのか、あるいは墓地はどんな場所に設けられたのかといったことに関する歴史と民俗への問いかけは、つきあいかたを跡づける動機になるだろう。

死者たちはこれまで、さまざまな葬られかたをしてきた。しかし、死者たちの葬られかたは、彼らの意向に左右されることはほとんどなかった。共同体ごとの慣習、時代ごとの制度や風習、また死者たちが属していた階級や階層によって葬られかたも違っていたのである。

柳田国男が昭和4年（1929年）に発表した「葬制の沿革について」は、日本民俗学が対象とした〝普通の人々〟、いわゆる「常民」の死者崇拝ないし祖霊信仰と、その崇拝・信仰のもととなる霊魂観を解き明かそうとしたものである。それは次のような三つの内容からなっている。

1　現在みられるような檀那寺《だんなでら》（自身が檀家であるお寺）の境内に「墓」を持つという慣行が定着する以前の状態は、民間で無意識に保存されているものを整理し、そこから帰納するほかない。

2　関東から奥羽の村々と南九州の山村には、屋敷に付属した控え地の片隅に先祖代々の石塔を持っている例がある。これは民間の古い葬制とみてよいもので、死穢《しえ》（＊1）を忌み怖れる気風とは一見矛盾するようだが、広い地域に分布する。またこれは、死穢が近いのを我慢して、野獣などに遺体を荒らされないために行われているのではなく、仏教受容以前に始まる固有の習俗というべきである。

3　日本人は仏教受容以前から、死者の霊を弔う独自の儀礼を持っていた。だがそれは、現在みられる埋葬した場所を「墓」とし、そこで死者の霊を弔う方法とは違うものだった。

「葬制の沿革について」で表明された、柳田の死者に関する見解をまとめると、以下のようになる。

火葬・土葬にかかわらず、「仏教」に亡魂の管理を委ね、遺骨や遺体を葬った場所を「墓地」とし、墓前で死者の追善《ついぜん》回向《えこう》（＊2）を行うようになる以前は、人を葬る場所とその霊を弔い祀る場所が一致していなかったようである。その両者が重なり合う、わたしたちが現在「墓」と呼ぶものが民間（民俗）に普及し始めたのは、それほど古いことではない——。

柳田がここで言おうとしているのは、死者たちのつきあいかたにおいて、「埋《う》め墓」と「詣《まい》り墓」の二つを設ける両墓性の由来と起源についてだが、ここには死者や死について考察していくにあたっての、本質的な課題が露わになっている。つまり死者、あるいは死は穢《けが》れているとみられてきたか、という問題である。

わたしたちは「死穢《しえ》」を忌避してきたのか

日本人は昔から「死穢」を忌避してきたと思われがちである。たとえば、日本人が死穢を強

＊1　死の穢れのこと。
＊2　亡き人を供養すること。

く忌む民族であったことを示す例として、記紀神話でイザナギが黄泉国《よみのくに》を訪問した際、イザナミのからだに「膿沸《うみわ》き、虫流《うじたか》る」情景を見て恐れ戦《おのの》いたという情景を思い浮かべることができる。

一方、『日本書紀』大化2年（646年）3月22日条の「大化の薄葬令《はくそうれい》」においては、畿内から諸国に至るまで「汚穢しく処々に散じ埋むることを得じ」と記されている。つまりは、死者たちは一ヶ所にまとめて埋葬するようにと命じているのだ。またこの布令は、死者たちをあちこちに散らして埋めるものが民間（民俗）には多かったという現実を反映しているとみてまちがいない。

死者たちを火葬にする理由については、仏教思想に由来したり、人口集中や都市化にともなう衛生政策にもとづいたりすることが考えられる。それでは一体、火葬後に、死者の象徴として祀られる「骨」は穢れていないのであろうか。現代の日本では、死者たちは焼かれてから、その骨を埋められることがほとんどになっている。しかしこうした慣行が、平安時代にはどうだったかに関しては不明な点が多いという。

藤原道長が権勢をふるった11世紀を中心に、貴族の葬制の場面では、火葬と火葬骨に対する観念に大きな変化がみられるようになる。その変化とは、遺骨の軽視から遺骨の尊重への移行だった。こうした変化は、火葬した骨を高野山《こうやさん》へ納める風習と相前後して、次第に一般化するようになる。ほぼ11、12世紀を境に、二つの事態が進行していったとみられるのだ。真言密教の根本道場であり、また来世往生を約束する山岳信仰の霊場でもあった高野山への「納骨」の初期例は、記録上、仁平3年（1153年）12月8日に納骨された覚法法親王《かくほうほっしんのう》、応保元年（1

161年）に崩じた美福門院《びふくもんいん》など12世紀中頃のことである。

遺骨ではなく、故人の遺髪を高野山に納める風習も古くから行われた。全国に分布がまたがるこの慣行は、「納骨」がもともとは「納髪」をふくむものだったことをうかがわせる。「髪」も「骨」も死者を想起させる観念のエッセンスとして用いられていることから、死者を記念する、朽ちることのないシンボルという点で、毛髪と白骨は異なるところがなかったということになる。高野山への納髪の風習は、堀河天皇の崩御（1107年）に際して最初に行われたが、その後やがて火葬骨による納骨の慣習が広まり、一般化していった。

こうした儀礼の変化に関する歴史的事実から考えると、腐敗する遺体に対して、腐敗しない毛髪や白骨は慰霊のシンボルとなることができ、またその対象は皇族・貴族層においては骨より先に髪だったことがわかる。さらに、〝純化〟されたシンボルは死穢をおびず、死者信仰の対象になった。この変化と移行のプロセスからは、「骨」偏重の葬送儀礼が相対化されうるものであることを導き出せるのである。

浮かばれない死者たち

日本人はこれまで、死者たちとのあいだに直接なさまざまなかたちで交渉をはかってきた。それらの背後には、現在まで根強く残る二つの死者イメージを想定することができる。

1　「安定した死者たち」。「安らかな死者」「成仏した死者」「生者（子孫）を見守り援護する死者（先祖）」など落ち着いた死者のイメージ群。

2　「不安定で迷っている死者たち」。妬みや恨みの感情を抱く死者、祟《たた》る死者、障《さわ》る死者、成仏・往生できずに苦しんでいる死者といったイメージ群。

日本の民俗宗教に期待された最大の課題は、いかにして2を1に変えるかという点にあったとみられているが、今日では2の「不安定で迷っている死者たち」、浮かばれない死者たちに対し光を当てられる機会が少ないように思えるのである。祟る死者、障る死者という存在は、民俗的怪異や怪談の次元に押し込められているのではないかとわたしは危惧する。そうした死者とのつきあいかたは、死者たちが望んでいることでもないはずだ。

死者たちが祟りを及ぼすと人が恐れることに対し、おそらく死者たちは悪い気がしていないだろう。なぜなら、生者の恐れを死者たちは、自分たちに対する期待の表れのひとつだと感じているからだ。天変地異や不測の事態の原因を、死者である誰かの祟りだと信じ、祀ってくれるのであればそれは大層喜ばしいことである。

祟りという感情、あるいはある現象を非合理的で、非科学的だと言って軽んじることが、近代人としてのたしなみになっている。しかし、祟りに対する近世以前の人々の畏怖心を、蔑んでみたところで、近代社会が何かしらの優位に立てるものだろうか。無念を抱いて去っていった死者たちが、いつまでもしつこく想いを抱き、社会に作用を及ぼすことは確かに脅威であるかもしれない。しかし、安定した死者たちも、不安定で迷っている死者たちも、成仏という形での存在の閑却や、記憶からの忘却を望んでいないことだけは確かだろう。

死者たちと共に踊る

忘却に対する死者たちの抵抗手段として、たとえば「盆踊り」の場を想像してほしい。この踊りが催されるのは、死者たちの側から、あるいは死者たちを忘れまいとする生者たちのささやかな抗いであったと想像できるのだ。

現在では、神社や寺院に属さず、公園や空き地で行われることも多いこの真夏の催事は、祖霊の供養や鎮魂のために踊られるものだった。柳田国男は「新野《にいの》の盆踊り」という文章で、「本来踊りというもの」は「亡魂を送るために、催されるものであった」と記している。

新野の盆踊りは、長野県下伊那《いな》郡阿南《あなん》町の新野地区で毎年8月14日から16日（17日早朝）まで、夜を徹して行われる盆踊りである。柳田は、鳴り物を用いないこの古風な盆踊りを日本の盆行事の古いかたちを残すものだと評価する。踊り櫓《やぐら》をめぐるように一晩中踊られるこの盆踊りは、その年に新たに亡くなった人の精霊（新仏）と共に踊るという意味が込められている。

16日の夜から踊り明かし、17日の未明になると、来年まで踊ることはできないのでその年最後の踊りになる。「さていよいよ東が白むという時刻になって、さアもう送らにゃと長老たちが言い出すと、どうか今一区切りだけ踊らせてくれと、若い人が頼むのだそうである。送られるというのはこの一年の新仏で、その家々にあって歎《なげ》く者も逝く者も、名残を惜しむ情は一致していた」。柳田はこうした情景を眺めながら、「あるいは昔の人にはこうして送られて去るものの姿が、ありありと目に見えたのかも知れぬ」と述懐している。

新野の盆踊りでは、16日から続いた輪踊りが最後の区切りを終えると、「能登《のと》」という曲に移る。その後、新仏のある家から集められた切子灯篭《きりこどうろう》を先頭に、御霊《みたま》送りの一行は念仏を足拍子に村はずれまで行進していく。一行が村境に達すると、修験者が九字《くじ》を切って唱えごとをし、切子灯篭を刀で切り、火をつけて焼く。そのあと一行は、後を見ないで足早に帰ることになっている。「この作法は、明らかに仏教渡来以前からの亡霊の祭却、お祭りしたあとに村の外へ送りだす古式を残すと言えるものである」。

「ワタクシ」の霊の集まり

新野の盆踊りの踊りのなかに「スクイサ」と呼ばれるものがあり、その曲名はこんな歌詞に由来する。

ひだるけりゃこそ　スクイサに来たに
入れてたもれよ　ひとすくひ

スクイサというのは飢饉のとき、食物のない人たちに粥などをふるまった救助小屋、「お救い小屋」のことだと考えられている。

新野を南北に縦断している遠州街道（国道151号線）沿いの栃洞《とちほら》には、「天明の大飢饉」（1782年～88年）のとき、村外から流亡してきて餓死していた73人の霊を弔うため、寛政2年（1790年）に建てられた「南無阿弥陀仏」と刻んだ名号碑がある。新野では天保4年（1833年）の飢饉のときも同じように、行きずりの多くの餓死者を村内の墓地に埋葬したという。こうしたときに村人たちは、数多くの浮かばれない死者たちの霊を慰めるための、有効な方法を持っていなかった。そこで飢饉の残酷な記憶が残っているうちに、生きのびることができた人々が、心の不安を紛らわせるため、「スクイサ」のような悲しい歌詞の踊りを流行させたのである。

「祀ってくれる子孫をもたない亡霊というのは、祖霊になることのできない、したがって帰属すべき共同体をもたない、ばらばらに切離された個々人の霊の群れであり、『オオヤケ』から断絶し、見放された『ワタクシ』の霊の集りといえるだろう」（高取正男『民俗のこころ』）。浮かばれない大量の死者たち、恨みを残して逝った多くのものたちは、どの時代にも誕生し続けている。飢饉や疫病は繰り返し襲い、戦乱・戦争によっても、人々の命は奪われてきたのである。

天明の大飢饉のとき、新野の街道筋で73人もの餓死者がいたという事実を、民俗社会の非情さを証明する事態だとみるべきではない。村境を越えて流亡してきた人々が戸口に立って食を乞うても与えるものはなく、施しだしたら際限のないことになる。街道筋にそれらしい他国者の姿をみかけ人々は、戸を閉ざし息を潜めて、関わり合いを持たないようにしたのだ。そうした見放された「ワタクシ」の霊の集りに対する〝うしろめたさ〟の表象として、名号碑が建てられ、「スクイサ」に合わせて盆踊りが踊られたのだった。

高取正男はこうした飢饉による大量の死者たちの霊を、ばらばらに切離され、「オオヤケ」から断絶しているとみているが果たしてそうだろうか。信州の山里の村人たちは、「ワタクシ」の霊を「オオヤケ」に結びつける回路を編み出しえたとわたしは思うのである。

大量死とどう向き合うか

個別の「ワタクシ」に分断された死者たち、「オオヤケ」の存在として認められない亡霊への対応は、決して他人事ではない。近代以降の死者たちは、厄災による断絶という局面を免れても、つねに無縁に陥る可能性を秘めているのだ。言い方を換えれば、現代の死者たちにはセーフティネットが用意されていないということになる。

このコロナ禍に各地で現出しているにもかかわらず、制度的に、あるいは意識的に隠蔽されている浮かばれない死者たちを、オオヤケ＝公共性に結びつけるにはどのようにすればよいのだろうか。その際に、死者たちに開かれた新野の盆踊りの公共性への回路が、参考になりそうな気がするのである。

浮かばれない死者たちは、どのような場面でも「祭り」への参加を期待している。しかし、閑却や忘却は日常を過ごす生者たちの特権でもあるのだ。そんなとき死者と生者をつなぐ観念、感情は「うしろめたさ」なのではないか。一方は忘却を許し、もう一方は期待に応えられないことを悔やむという関係性のなかにしか、死者をめぐる公共性は生み出しえないように思える。
わたしたちはいま、「ウェルビーイング（well-being）」という言葉をよりどころに、生の充実具合を測る指標にしようとしている。しかし、わたしたちの「ウェルビーイング」は「ウェルデッド（well-dead）」を充実させることこそを前提にすべきだとわたしは考える。そしてそれは、死者と共にある未来についてては生者の側からだけではなく、死者の側からも、生者と共にある未来を考えることにほかならないのだ。

（はたなか・あきひろ）〈感情の民俗学〉の視点にもとづき、民間信仰・災害伝承から最先端の風俗流行まで幅広い研究対象に取り組む。主な著書に『柳田国男と今和次郎』（平凡社新書）、『災害と妖怪』（亜紀書房）、『天災と日本人』（ちくま新書）、『関西弁で読む遠野物語』（エクスナレッジ）、『21世紀の民俗学』（KADOKAWA）、『死者の民主主義』（トランスビュー）、『日本疫病図説』（笠間書院）ほか。最新刊は『廃仏毀釈』（ちくま新書）。

参考文献
池上良正『増補 死者の救済史——供養と憑依の宗教学』（ちくま学芸文庫、2019）
高取正男『民俗のこころ』（朝日新聞社、1972）
高取正男『神道の成立』（平凡社ライブラリー、1993）
柳田国男『柳田國男全集24』（ちくま文庫、1990）
山折哲雄『死の民俗学——日本人の死生観と葬送儀礼』（岩波現代文庫、2002）

生と死をふくむ風景

神話から考える未来の死との関係

石倉敏明（人類学者）

世界各地の神話には、生と死が織りなすさまざまな物語が描かれている。生命の宿命としての「死」をめぐる物語を人々はいかに描き、また語り継いできたのだろうか。人類学者の石倉敏明は、生と死の二項対立にとどまらない豊穣なイメージが神話にはあると指摘する。そのイメージには、現代のわたしたちがこれからの生を考えるうえでも重要な問いがふくまれているはずだ。

トリックスターが死をもたらす

世界中に伝えられる死の起源神話には、人間という存在を永遠に不死にすべきか、それとも死すべき運命を与えるか、という原初の選択肢を伝えるものが多い。神話のなかには、この選択肢の鍵を握るキャラクターを、太陽や月の使者と関係づけるものも少なくない。たとえばニコライ・ネフスキーが『月と不死』（＊1）のなかで伝えている有名な宮古島の伝説では、月から地上に派遣されたアカリヤザガマという男が、永遠の生命をもたらす「変若水（シジミズ）」と、死すべき運命を与える「死水（シニミズ）」を取り違えて、蛇に前者を、人間に後者を浴びせてしまったことで、人間の死すべき運命が決まったと説明される。

太陽と月はもともと、人間には不死の変若水《シジミズ》を、蛇には死すべき死水を与えるよう、使者のアカリヤザガマに言いつけていたのだった。使者の男は二つの異なる水の入った桶を持って月からやってきたが、ようやく地上に到着して休憩していたときに、うっかり油断してしまう。彼が二つの水が入った桶を道におろして小便をしていたところ、どこからか蛇が現れて、ジャブジャブと変若水を浴びてしまったのだ。天空の水の入った桶が大地に接触し、蛇の身体に変若水が触れる。哀れな使者は、残った死水を人間に浴びせたことから、人間と蛇の運命は入れ替

＊1　ニコライ・ネフスキー『月と不死』訳・加藤九祚、編・岡正雄（平凡社、1971）

わってしまった。このときの過ちを償うために、アカリヤザガマは永遠に月のなかで桶を担ぐよう運命づけられてしまう。そのため、現在でも月を眺めれば、天秤棒を担ぐ男の影が見えるという。

死の起源を、使者の取り違えというアクシデントに求める神話に、蛇のような動物が登場するのはなぜだろうか。同様の伝説は蛇だけでなく、エビやカニにもあって、いずれも脱皮する習性のある動物たちの生命が再生可能なものとして、人間の短命が同一の身体の持続によって説明されている。また、なかには、残りの変若水を浴びた人間の髪の毛と爪だけが伸び続け、死水を浴びたその他の部位が死すべき運命を持った、という話もある。この種の神話の論理にとって重要なことは、人間とは根本的に異なる「脱皮する身体」を通して、生命を更新することのできる別の存在の様態を想像し、人間という存在と対比させることにあるのだ。

この種の脱皮型神話は広く太平洋の島嶼《とうしょ》に伝えられていて、たとえばメラネシアのニューブリテン島（ガツェレ半島）から採集された同種の神話では、精霊が彼の兄弟を地上に派遣し、古い皮膚を毎年脱いで生命を新しくする能力を人間に、死すべき運命を蛇に与えようとするが、使者の精霊は間違えて両者の運命を逆にしてしまう（＊2）。また、バンクス諸島にも、人間はもともと脱皮して若返ることができたのだったが、あるとき、年老いた母から生まれた赤ん坊が、脱皮して若くなった母の姿を認めずに泣き止まなかったため、母が一度水場に捨てた古い皮を取り戻し、身につけたときからそれ以後脱皮できなくなった、という起源伝承が伝えられている。

以上の脱皮モチーフをふくむ死の起源伝承では、神話は脱皮という現象を生命更新の秘密と結びつけつつ、その先に朔月から満月までの周期を繰り返す月との関係を暗示している。さらに、宮古島の神話に登場する二つの水についての想像力は、周期的に干満を繰り返す海の潮位を想起させるものでもある。これらの要素を結びつける周期的な更新の過程が、蛇やエビ・カニといった動物たちの配役を必要としてきたのだろう。周期的に脱皮する動物を登場させることで、この種の神話は生と死の対立を超えて「脱皮による再生」という次元に光を当てようとするのだ。

ところで、宮古島の神話に登場するアカリヤザガマのような伝令は、神話学において「トリックスター」と呼ばれている。神話は現実と想像をつなぐ物語の形式を借りて、生と死のように対立する出来事の由来を語ろうとする。その際、対立する両極の属性のうち、どちらともつかないような第三項を提示して物語を前に進めてくれるのが、トリックスターという存在である。たとえばアフリカ神話では野兎や蜘蛛、亀、アメリカ・インディアンの神話ではコヨーテやワタリガラスといった悪戯《いたずら》好きな動物たちが登場し、天と地、昼と夜、野生と文明、動物たちと人間たちの境界を行き来し、生者と死者の領域を往還する。

世界中の多くの神話が、トリックスター神話という形式で死の起源を語っていることは、実は神話的思考そのものが、生と死という「二項対立（バイナリー・ポジション）」を超えるものであることと、深い関係がある。たとえば北米先住民のカドに伝えられた神話には、最初の死

＊2　コンラッド・テオドーア・プロイス「死の神話」訳・加治明、編・大林多良『現代のエスプリ　神話』所収（至文堂、P132）

者が生じたとき、あらゆる生き物がその復活を望んで儀式を行ったにもかかわらず、コヨーテが小屋の扉を閉めて西風の侵入を防いだことから、再生の道は閉ざされてしまった、という伝承がある（＊3）。このとき、コヨーテが扉を閉めてくれたおかげで、死者の魂は肉体に戻らずに地上をさまよい続け、ついには魂の国へ続く道を発見することができたのだった。こうした神話では、生と死を媒介するトリックスターが狂言回しの役割を担い、「非二元論的（ノン・バイナリー）」な語りの形式を通して、世界を説明しようとするのである。

ある視点から見れば、カドのコヨーテは生と死を分離し、死者の魂をあるべき場所に導いた英雄である。ところが、別の視点から見れば、コヨーテは死者を拒絶し、復活を阻止した裏切り者でもあることになる。コヨーテは、生死を分ける扉を閉めたことで、誰からも餌をもらうことができない。そのため、彼らはいつも腹をすかせ、誰かが追いかけてきているかを心配して、絶えず後ろを振り向きながら歩くのだという。小屋の扉を閉めて生と死を分離したことで、コヨーテはまさに「ノン・バイナリー」な存在としての境界性を身につけたのである。

トリックスターとはこのように、尊敬されつつも嘲笑され、愛されつつも憎まれる。聖俗を自在に往還し、人気者でありながら、危険で境界的なキャラクターでもある。それは二元論的な対立項を脱臼させ、混沌に陥れることもあるし、反対に創造的な息吹をもたらし、社会を更新することもある。ある種の道化がそうであるように、トリックスターは、支配的な文化秩序を顛覆《てんぷく》させてしまうような、激烈なエネルギーを秘めた存在であると言ってもよいだろう（＊4）。別の見方をするなら、トリックスターと死の起源を関係づける神話は、生と死を二元論的に対立させ、一方の原理を他方に従属させようとするのではなく、原初の取り違えの逸話を通して、生と死の関係性そのものを再考に付すものだと言えるかもしれない。

トリックスターは偉大なる文化の批評者でもあることも忘れてはならない。たとえば現代の映画産業に繰り返し登場するゾンビやモンスター、巨人、妖怪、幽霊といったおそろしい存在は、現代のように「生きている人間だけの世界」というあまりにも強力な前提が地球全体を覆い尽くしている状況に対して、両義的な媒介者の役割を果たすことによって、鋭い批評を加えている。生きている人間を震え上がらせるゾンビ映画や、巨大な都市を混乱に陥れるモンスター映画は、現代の都市環境のなかで、人工的に拡張された不死性が恒常化し、人工知能やテクノロジーによって不用意に延命させられた現代人にとって、恐怖という感情を改めて問い直そうとするものだ。これらの異形のトリックスターたちは、生と死の二元論では割り切れない残余を可視化しながら異界との境界を行き来し、現代人の死生観を深く揺さぶろうとしている。

矛盾と共に世界を考える

トリックスターという非二元論的存在が、ある種の分離された領域をつないだり隔てたりするように、月の周期性を死と再生の過程に重ねようとする神話的思考は、死という現実を近づ

＊3　リチャード・アードス、アルフォンソ・オルティス『アメリカ先住民の神話伝説（下巻）』訳・松浦俊輔・前川佳代子・中西須美、青土社、1997、P233—234）
＊4　山口昌男『道化の民俗学』（岩波現代文庫、2007）

けたり、遠ざけたりすることで生き物が「生きている」こととの距離を表現する。こうした神話は、死というものが単なる生命の終結地点ではなく、惑星的な周期性のなかで循環し、交換されていくエネルギーの次元と関わりを持つことを教えてくれるのだ。これと同様に、たとえば人間や神々が死すべき宿命を課せられた理由に、「石と草花」「石とバナナ」によって応えようとする神話は、世界のなかで生成・変化・消滅する植物の状況と、岩石のように不動で恒常性を持つ対象との感覚的な比較を通じて、滅びゆくさまざまな生命存在と、無機物として持続する存在の違いを伝えようとする。

セレベス島のポソに伝えられた有名な神話では、天の創造者が綱で下ろしてくれた贈り物の選択を住民たちが間違ってしまうことで、死すべき運命がもたらされる。つまり、贈られた一つの石を受け取っていれば不死を得ることができたはずなのだったが、彼らはそれを拒絶し、代わりにバナナを喜んで受け取り、それによって死の運命を選択することになる。というのも、バナナは実を結んだ後に、茎は枯死してしまうからである（＊5）。

こうした「バナナ・タイプ」の神話は東南アジアやオセアニアに広く伝承されており、脱皮モチーフや伝令モチーフとの関係についての研究が進められている（＊6）。日本列島の記紀神話でも、天孫のニニギノミコト（瓊瓊杵尊）が、多くの国《くに》津《つ》神《かみ》の祖先であるオオヤマツミと出会ったときに提案された婚姻の伝承が、後世の人間に課せられた死と短命の起源伝説となっている。よく知られているように、オオヤマツミはニニギノミコトに、イワナガヒメとコノハナサクヤヒメという姉妹の娘たちを嫁がせようとしたが、ニニギノミコトは美しいコノハナサクヤヒメだけを娶って、醜いイワナガヒメを父親のもとに送り返してしまった。

オオヤマツミは日本列島の山々を住処とする国津神の長であり、その二人の娘は岩のように長命なイワナガヒメと、花のような栄華をあらわすコノハナサクヤヒメという二つの属性を持っていたのだった。ところが、ニニギノミコトは相手の美醜にこだわってイワナガヒメを拒絶したことにより、彼女のものであった長命性の条件を手放してしまう。天孫となる天皇の一族や人間たちはここから、草花のように繁栄しつつも、死すべき宿命を背負うことになる。

神話はこのように、死すべきものと不死のものの属性を対置させながら、生と死という、解決のつかない世界の矛盾に対して、さまざまな物語によって応答しようとする。

神話の偉大な点は、常にこのように矛盾を手放すことなく、矛盾とともに世界を考え続けるところに求められるだろう（*7）。たとえばある種の神話は、生にも死にも属さない中間の領域を旅する物語を生み出し、死が単なる生の反対物ではないということを教えようとする。太陽や月、夜空を彩る星座、虹や雷といった気象現象、季節の変化や生物の外見の由来なども、神話は現実と想像をつなぐユーモラスな物語の形式を借りて、能弁に説明してくれる。それはしかも、自然科学の論理のように物事の道理を表すのではなく、善と悪のように相反する要素を併せ持ち、正解か嘘かもわからないようなトリッキーな物語を通して、世界の秘密を語ろうとするのだ。

＊5　プロイス前掲論文、P132
＊6　山田仁史「東南アジア・オセアニアにおける死の起源神話――《バナナ型》と《脱皮型》の分布に関する諸問題――」、松村一男編『生と死の神話』（リトン、2004、P113–127）
＊7　中沢新一『人類最古の哲学（カイエ・ソバージュ）』（講談社、2002）

神話としての『銀河鉄道の夜』

神話的思考は、さまざまな創作文学の領域にも生き続けている。たとえば、神話に最も近い場所で物語を生み出した近代日本の作家として、宮沢賢治の名前を挙げることができるだろう。賢治の生み出した物語は、過去・現在・未来の時間軸を撹乱しながら、異世界のような、それでいてこの世界のどこかでもあるような不思議な出来事を伝えてくれる。古代の神話や説話がそうであるように、賢治は気象現象や天空の星座、鉱物や動植物といった諸存在を、人間の社会と連続した次元に位置づけようとする。生と死についても、同じことが言えるだろう。賢治の作品は、生と死の問題を人間という種に固有の問題とするのではなく、「人間以上（more than human）」の豊かな関係性の網目に位置づけることによって、自然界から分離された死生観の枠組みを根底から組み替えてゆく。

賢治の代表作のひとつ『銀河鉄道の夜』（＊8）では、生者の夢見の世界と死後の魂の世界が、銀河を走る鉄道の旅のイメージのなかで、ゆるやかに接続されている。物語の外殻は、学校では父親の不在を級友から揶揄され、放課後には活版印刷工場で働いている貧しい少年ジョバンニの、ある祭りの一日の体験である。それはケンタウル祭という星祭りで、夜になると烏瓜《からすうり》の灯籠流しを見るために、川岸には多くの人々が集まってくる。物語の骨子をなす内容は、この日の放課後もいつものように活版所で働き、さらに病気の母のために牛乳を手に入れようとしたジョバンニが夢のなかで経験する、友人カムパネルラとの銀河をめぐる旅の体験だった。

祭りの高揚感に満ちてゆく街のなかで、ジョバンニは他の子どもたちと一緒に遊ぶのではなく、さまざまな仕事や家事をこなさなければならない。ようやく星祭りを見に行こうとする彼に、級友のザネリは、不在の父親についての心ない中傷をぶつけてくる。いてもたってもいられなくなったジョバンニは、川と反対の牧場の丘の上に上がり、大熊座の星々の光の下で、いつの間にか眠り込んでしまう。気がつけば彼は、汽笛と共に彼の前に現れた銀河鉄道の車室で、カムパネルラと一緒に旅をしている。この車内で交わされる二人の会話と星めぐりの体験によって、物語は生者の領域から、異類のものたちや死者の次元へと、想像的に広がってゆく。

物語の終盤では、祭りを訪れたカムパネルラがザネリを助けるために水難死したことが暗示され、「銀河鉄道」という鉄道そのものが、生者と死者の世界をつなぐ送魂の経路であったことが示唆されている。比較神話論的に検討するならば、賢治の『銀河鉄道の夜』は、それ自体が「死者の物語」の構造をとっていることがわかる。それは生と死という対立する二つの項を媒介する物語であり、ギリシアのオルフェウスやエジプトのオシリス、メソポタミアのイナンナのように生と死の境界を越境して冥界を旅する形式に近い。

ただし、『銀河鉄道の夜』は神々や英雄の物語ではないし、冥界という領域を探訪する物語でもない。それは小さな街に暮らす少年の物語であり、チベット仏教圏の経典『バルド・トゥドゥル』（いわゆる「チベットの死者の書」）のように、生と死という二項対立を超える、中間領

＊8　宮沢賢治「銀河鉄道の夜」『宮沢賢治全集 七巻』（筑摩書房、1985、初版1934）

域における魂の移行を主軸としている（＊9）。『バルド・トゥドゥル』において、生と死は、心という始まりも終わりもない連続体が経験する二つの相であって、その中間領域では、永遠の過去と未来にひらかれた不思議な時空が生起している。この時空は、チベット仏教では亡くなりつつある人間の耳元で説かれる死後の旅路として物語の構造に組み込まれている。同様に、賢治の『銀河鉄道の夜』では、鉄道の車内と窓の外をつなぐ高次元の世界体験が、生者（ジョバンニ）と死者（カムパネルラ）が共存する、同じ鉄道の車室における一連の変容した現実として構造化されている。

ジョバンニとカムパネルラの道中、二人が経験するさまざまな他者との接触は、その都度思いもよらないような想像力の起伏に支えられて、人間の歴史を超えた神話的次元へと一気に飛躍してゆく。彼らは生者と死者という、まったく異なる存在でありながら一時の経験を共有し、互いをかけがえのない他者として認め合う。二人の信頼や友情は、二者の閉域に限定されることなく、宇宙における複数種の関係や、他者の生命を尊重することに対して自己犠牲をも辞さない利他の倫理学へと拡張され、宇宙論や存在論の領域へと飛躍していくのである。

この物語は生の次元と連続性を持って展開しているが、常に死の次元に向かってひらかれている。銀河の各星座や恒星を停車場とする構成によって、地球上において生起する人間のスケールを超えた物語が展開するなかで、死の重要性という基準だけは、決して手放されることがないのである。たとえば、災厄による事故死や捕食者による殺害も、そこに現れるあらゆる死の体験は、人間と非人間の差異を超えて経験される魂の物語として他者の生に織り込まれる。そこでは、さまざまな形で生物を殺し、殺される関係や、災厄などの不遇な出来事によって自身が死に直面したものたちの物語が、個体性や種を超えて重々無尽に折り重なることによって、生きることのなかにふくまれる他者の死の重みや、死ぬことにふくまれる他者の生の意味についてのイメージが喚起されるのだ。

『銀河鉄道の夜』は、はっきりと冥界や死の世界とわかる領域をめぐるのではなく、地球上とは異なる現実として描き出された、宇宙のさまざまな空間をめぐる物語である。それはあくまでも一人の生者の夢の体験と、その夢に現れた別の少年(水難事故による死者の魂)の対話が主軸となって、物語を展開してゆく。問題は、彼らの体験そのものであり、彼らが考え、語り、到達した認識である。その構造は、たとえばブッダの前世譚を多くふくむジャータカ物語のように、あるひとつの小さな死が決して孤立した出来事ではなく、広大な宇宙のなかで連鎖し、重層する生命現象の一部であるということを、読者に伝えてくれる。

生と死をふくむ風景

人類学者の岩田慶治は、たとえば死という非経験的な次元を経験的次元に絶え間なく組み込みながら新たに構成されてゆく文化的景観を「死をふくむ風景」という卓抜な表現によって言

*9 ロバート・サーマン『現代人のための「チベット死者の書」』訳・鷲尾翠(朝日新聞社、2007)

い表している（＊10）。この視点から再考するならば、『銀河鉄道の夜』はカムパネルラ少年の死という出来事を歴史化する物語ではなく、むしろそのひとつの死を体験しようとしている小さな生命が、ジョバンニという別の少年の生の物語や、他の膨大な時空に生起している生と死の物語といかに響き合い、相関しているかを示す「移行の儀礼（＊11）」（ヴァン・ジェネップ）を顕にする物語であると考えることができる。それはいわば「生と死をふくむ風景」の描写であり、おそらく過去・現在の神話と深く関係するだけでなく、未来の人間が思考し、経験するであろう死の経験についても、重要な示唆を与えてくれるに違いない。

この物語の重要性は、生者と死者の対話と共存によって、人間を超えたさまざまな存在の生と死の物語へとひらかれ、関係づけられていることにも求められる。たとえばジョバンニとカムパネルラが銀河鉄道の旅のなかである経験を共有するように、日本列島の盆行事では祖先の霊を自身の家や村落に迎え、数日の間だけ、生者と死者が共存するという風習が、現在でも各地に伝えられている。各地の盆踊りでは老若男女が一つの輪になって踊るだけでなく、その輪の中に死者の霊を招き入れて、生者と死者が同じ空間と時間のなかで共存する境界的な祝祭が設定されるのだ。秋田の西馬音内《にしもない》では、そのため頭巾や笠で顔を覆い、生者と死者の境が判然としないような舞台設定のなかで、妖艶な踊りが夜更けまで続けられる。賢治が生まれ育った岩手の花巻周辺でも、旧暦の七夕から盂蘭盆《うらぼん》にかけての時期に、「ケンタウル祭」に類似した数々の行事が伝えられているという（＊12）。

日本の盆行事での神話的な共通事項は、新盆のような特別な期間を除いて、死者はあえて匿名化され、場合によっては人間という生物種の条件からも解き放たれるという状況と言えるだろう。思想史家の佐藤弘夫が述べているように、日本人の死生観は中世には仏が個人を救済するというかたちであったが、近世になると家単位で祖先の霊を祀る集合的な祖先祭祀が一般化する。

しかし、こうした重層的な祖霊信仰のなかで成立した盆行事は、懐かしい特定の死者を供養するだけでなく、身寄りのない亡者や何らかの理由で非業の死を遂げた成仏できないものたちをも排除することがない。むしろ、人間・非人間の差異を超えて「無縁仏」という一切の差別を超えた死者の範疇を想定し、墓ジシ（墓前の獅子踊り）や施餓鬼《せがき》供養などで功徳を回向《えこう》することによって、死者との関係は人間性の限界を超えて拡張する。縁のある死者たちの記憶や思い出を超えて、あらゆる有情（生命体）の霊魂の成仏を願おうとする点で、日本列島の盆行事は死者儀礼としても極めてラディカルな表現に到達している。

死と生殖と食の神話

人間の死と非人間の死を関係づけるだけでなく、両者の生の風景を有機的に結びつける神話

＊10　岩田慶治『死をふくむ風景　私のアニミズム』（日本放送出版協会、2000）

＊11　アルノルド・ヴァン・ジェネップ『通過儀礼』訳・秋山さと子・彌永信美（新思索社、1999）

＊12　家井美千子「『銀河鉄道の夜』の「ケンタウル祭」」、『アルテス リベラレス（岩手大学人文社会科学部紀要）』75号（岩手大学人文社会科学部、2004、P19－35）

という意味では、少女神などの死体やその埋葬地から穀物や果物、宝物などが生み出されるという、いわゆる死体化生型の神話ほど、「生と死をふくむ風景」に相応しいものもない。古事記ではスサノオがオオゲツヒメを殺し、日本書紀ではツクヨミがウケモチを殺す話となっているが、どちらも女神の死体から、五穀や蚕などが生み出される。これらは、女性の身体や死体から人間の食物が発生する「ハイヌウェレ型神話」という神話と同型である。

ハイヌウェレ型神話はニューギニアやインドネシアなどを中心に、東南アジアからオセアニア、南北アメリカなど、太平洋を取り囲むように分布している。この神話が語ることは、「最初の死は通常の死ではなく、殺害であった（＊13）」という原初の暴力の記憶であり、しかも女性の身体と結びつけられた大地の延長から、有用植物と人間の食物が発生した、という食べ物の起源を物語っている。つまり、人間にとって生きていくための重要な糧が、子どもを産むことのできる女性の身体と関係づけられているということであり、いわば死と生殖と食の豊穣が、ひとつの哲学的主題系として連鎖的なイメージを形成している。このタイプの神話は、農業の生産物である穀物や果物の由来を、ある原初的な死の出来事によって媒介された、少女や母の身体の一部と理解することによって、生物の身体と異種の生産物を想像的に連接させている、と理解できるだろう。

食べ物の背後に、神話的な死と再生の循環を読み込む伝統は、たとえばイヌイットの間で伝承されてきたセドナ型の神話にも共通している。ハイヌウェレ型の神話が、焼畑農耕や芋栽培などの栽培種の起源と深く結びついているのに対して、セドナ型の神話は海の底に沈んだ原初の母（物語のなかでは少女から母へと成長する）が、自らの切り落とされた指を人間たちの食料として贈与するという海辺の狩猟・漁撈民《ぎょろうみん》たちの物語である。

よく知られた神話では、夫を欲しない少女がイヌと結婚して蒸発し、怪物を産んだ後に追ってきた父親と一緒に逃げようとする。夫はアホウドリに変身して嵐を起こして二人を追跡するが、父親は追っ手がおそろしくて娘を船の外に放り出し、しがみついてきた指を関節ごと切り落とそうとする。船縁から切り落とされた少女の指はヒゲアザラシやアザラシとなって、イヌイットたちの貴重な栄養源となった。船から海へ沈んだ少女は、海の底に降りて石やクジラの骨でつくった家に住む精霊セドナになったという(*14)。

ハイヌウェレ神話とセドナ神話は、どちらも自然と死と女性性を深く関連づけるという意味では共通の文脈を形成しているのだが、どちらかの話型を起源とし、他方をその変形された話型とみなす必要は、必ずしもないだろう。むしろ、女性や女神の身体・屍体から発生した食糧が、その物語を伝承する集団の食生活にとって大きな価値を持っていることが、この種の神話の興味深い特性を示している。つまり、ハイヌウェレ型の栽培神話も、セドナ型の狩猟神話も、レヴィ=ストロースの言う「食べるのに適した種」として日々の栄養やカロリー摂取を支えているだけではなく、同時に「考えるのに適した種」として食べ物の主要な材料となる生物の生態学的な状況や宇宙論的な位置づけをも指し示しているのである(*15)。

このことは、たとえある人物の属性や社会的な記憶が彼らの死後にある一定の延長を示すと

*13 アドルフ・イェンゼン『殺された女神』訳・大林太良(弘文堂、1977)
*14 大林太良編『世界の女性史1 神話の女——死と性と月と豊穣』(評論社、1975、P48–72)
*15 クロード・レヴィ=ストロース『今日のトーテミズム』訳・仲沢紀雄(みすず書房、2000)

しても、そのことをもって即座に死者の実存が世界に延長されたことを意味するのではないということを明らかにしている。たとえば、食べ物を前にしたときにわたしたちが抱く、「なぜ目の前の食べ物が存在するのだろう」という疑問は、「食べること」と「考えること」という異なる次元をつなぐことによって、解決不可能な問題と矛盾を抱えつつも、とにかく生きることを支えているのが他者の生命だという気づきを与えてくれる。

同様に神話は、人間の一生が決して対人的な社会関係に閉じているのではなく、複数種の絡まり合う食物連鎖と物質代謝の循環のなかにこそ、生命という現象の輝きが潜んでいることを教えてくれる。わたしたちは、かつて生きていたものたちを食べ、それらを糧として生きることができる。そして、これから生まれてくる生命を思い、それらのために精神の糧を伝えることもできる。いずれにしても、わたしたちは生の縦糸と、死の緯糸を織り続けることによってしか生きることはできないし、刻一刻とその二つを混ぜ合わせることこそが、自他の絡まり合った関係の中で、生ある思考と実践の実質を形作る条件となる。

こうしたことから、わたしたちは生前の思考や身体のあり方を死後に延長し、人生を人工的に拡張したりその記憶を情報化したりすることによって、死を希薄化させるだけではなく、死という大いなる匿名の次元との関係を構築し、それを複数種の倫理や世代を超えた責任の哲学に再び招き入れることができるかもしれない。

たとえばわたしたちが食べる肉の一つひとつから生命の息吹を読み取り、野菜や果物から大地の能産性を想像するとき、わたしたちはセドナ型神話やハイヌウェレ型神話を伝承してきた人々のすぐ近くにいる。同様に、死者を想い、死者と共存する特別な時空や条件を設定して物語を生きるとき、わたしたちは銀河鉄道に乗った二人の少年のように、すでに生と死を対立する二つの状態として分離する思考の彼方にいる。盆行事のなかで、キュウリやナスに割り箸を挿して死者を乗せる「精霊馬《しょうりょうま》」や「精霊牛《しょうりょううし》」をつくるとき、死者の似顔絵を描いた絵馬を奉納するとき、盆踊りを踊るときにも、死は実際にその場に臨在している。

神話的思考は、ある決まり切った事実を明らかにする明解な回答を与える代わりに、いくつかの事項の因果関係を構築することで、知的に理解可能な物語の形式を生み出し続ける。それは感覚的な方法で現象やモノのイメージを誘導し、ありきたりな現実を豊かに肉付けするのである。

たとえば、生と死を連続的にとらえる思考を成立させるために、神話的思考は、物語・造形・パフォーマンス・儀礼などを通じて、自らの生活に死を織り込もうとするテクノロジーの創造をうながす。「生と死をふくむ風景」のなかで、生と死の原理を通わせ、混ぜ合わせ、死と不死の対立さえも超えて生ある思考に織り込むとき、わたしたちは自分自身が神話上のトリックスターとなって、すでに未来の死を生きているし、その具体的なあり方をすでに再創造しているのかもしれない。神話は、世界の奥底に潜んでいる、通常では触知できない無意識の現実に光を当て、人間の心のなかの世界と外部の世界を架橋しようとするのである。

（いしくら・としあき）人類学者・神話学者。秋田公立美術大学准教授。環太平洋の比較神話学、アジア各地の「山の神」研究、アーティストとの協働制作などを行う。第58回ヴェネツィア・ビエンナーレ日本館展示「Cosmo-Eggs｜宇宙の卵」に参加（2019年）。共著に『Lexicon 現代人類学』（以文社）、『野生めぐり 列島神話をめぐる12の旅』（淡交社）など。

すべてここから生まれ
ここへ還って行く

諸星大二郎

マンガ家。１９４９年、東京都生まれ。１９７０年『ジュン子・恐喝』（「ＣＯＭ」）でとりあえずデビュー。１９７４年『生物都市』で第７回手塚賞を受賞し、商業誌活動を始める。その後、『妖怪ハンター』『暗黒神話』『西遊妖猿伝』『マッドメン』など、いろいろ描いて、なんとか現在までやってきました。最近は趣味でこんな絵も描いてます。

2章

死の軌跡

わたしたちは死とどう対峙しているのか

終活、介護、ターミナルケアなど人生の終焉期に向けた事業から、納棺、葬儀、墓に至るまで、高齢化する日本社会にはさまざまなエンディング事業が存在する。これまでわたしたちは、どのように死と対峙してきたのだろう。そして死にゆく人、また遺された人々の心の支柱のひとつとなる宗教や儀式は、今後はどう求められていくのだろうか。日本の葬儀の歴史と未来、そして現在の納棺やターミナルケアに携わる専門家が死のいまと未来を語る。

葬儀のゆくえ

日本人の宗教観と未来の葬送

岡本亮輔（宗教学者）

「日本人は無宗教」と言われるが、果たして本当か？　正月になれば神社に初詣に行き、人が亡くなれば仏式の葬儀をする。そうした日本特有の宗教観を「信仰なき実践」と指摘する宗教学者の岡本亮輔が、批判の対象になりながらも数百年続いてきた仏式葬儀を検証しながら、これからの葬儀のゆくえを語る。

葬送の多様化は何を意味するのか

米国セレスティス社は、1994年に設立された「宇宙葬」の会社である。一口に宇宙葬と言ってもさまざまなプランがある（＊1）。

もっとも安価なアース・ライズ・サービスは2495ドルだ。遺灰やDNAサンプルの入ったカプセルを高度100㎞あたりまで打ち上げ、数秒間、無重力状態となり、再び地球に戻ってくる。落ちてきたカプセルは、宇宙葬証明書と共に、遺族や友人に返却される。一瞬だけ宇宙空間に出るというプランである。

値段が上がると、宇宙での滞在時間も増加する。ルナ・サービスは、月に遺灰やDNAを送り込むもので、地球外に保管されるというのが売りだ。ヴォイジャー・サービスでは、遺灰やDNAが深宇宙に向けて打ち上げられ、太陽系を離れていつまでも旅を続ける。費用はいずれも1万2500ドル（＊2）だ。

同社で最も人気が高そうなのが、アース・オービット・サービスだ。遺灰やDNAを搭載した宇宙船を打ち上げ、しばらく地球を周回させる。そして、宇宙船が再び大気圏に突入すると、燃え尽きるのである。同社ウェブサイトには、過去に打ち上げた宇宙船が、現在、どの位置に

＊1　https://www.celestis.com/
＊2　2021年時点で2495ドル=約27万円、12500ドル=約137万円

いるかをリアルタイムで表示するページがある。

２０２１年1月24日に打ち上げられた「セレティス17」は4〜7年くらい、１９９８年2月10日に打ち上げられた「セレティス03」は２４０年もの間、地球を周回し続ける予定だという。ちなみに、ファウンダーズ・フライトと呼ばれる同社初の宇宙葬では、ＬＳＤ実験で知られる心理学者ティモシー・リアリーや、映画『スタートレック』を生み出したプロデューサーのジーン・ロッデンベリーの遺灰が打ち上げられている。

宇宙葬という言葉はＳＦ的なイメージを喚起するが、料金も通常の葬儀と比べて極端に高額なわけではないし、利用者も集まっているようで、セレスティス社では今後も年に1〜2回のペースで打ち上げが計画されている。こうした動きは米国以外にも広がってゆき、いつかは日本でも、宇宙葬が葬送の当たり前の選択肢のひとつになるのだろうか。

実際、現在の日本にもさまざまな葬送の方法がある。かつては葬儀といえば、コミュニティ全体で行うものだったが、核家族化や少子高齢化で身内だけで行う家族葬、告別式など儀礼を大幅に省略した直葬が増えており、コロナ禍はその傾向を加速させただろう。また、細かく砕いた遺灰を海や山に撒く自然葬も登場している。

こうした多様化は、一見すると葬送の脱宗教化を反映しているように思われる。従来、葬送を取り仕切ったのは、その地域で伝統とみなされる宗教であった。米国ではキリスト教、日本では仏教がその役割を担ってきたと言える。だが、社会の世俗化が進むにつれて、宗教の信頼性や説得力が低下し、それに合わせて葬送も宗教（者）の手を借りないかたちに変化しつつあるように思われる。

確かに日本でも、２０１０年に島田裕巳『葬式は、要らない』（＊３）が広く読まれ、直葬や樹木葬といった葬送のオルタナティブがメディアで注目されるようになっている。そして、仏式葬儀の費用の高さや無意味さを指摘する葬式仏教批判も根強く続いている。だが実態を見てみると、批判はあっても、仏式葬儀離れは起きていない。ある調査によれば、現在でも、９割近くの人々が仏式葬儀を選んでいるのである（＊４）。

なぜ、日本では散々に批判され、その問題点が知り尽くされたはずの仏式葬儀が存続しているのだろうか。仏式葬儀が、より効率的で科学的なものに取って代わられるときは来るのだろうか。この問題を考えることで、日本人と宗教の独特の関係性も見えてくる。

仏式葬儀はなぜ批判されるのか

「葬式仏教」という言葉が批判的なニュアンスをふくんでいることは言うまでもない。教義や信仰を説かず、葬式という儀礼を利用して金を稼いでいるといったイメージだろう。だが、意外なことに、この言葉が広まるきっかけのひとつは僧侶で日本仏教史研究者でもあった圭室諦《たまむろたい》成《じょう》（１９０２〜１９６６年）による『葬式仏教』（１９６３年）の刊行である。同書で圭室が示したのは、古代や中世には医療や福祉といった社会的機能も担っていた仏教が、葬祭へと専門

＊３　島田裕巳『葬式は、要らない』（幻冬舎新書、２０１０）
＊４　全日本冠婚葬祭互助協会『全互協 冠婚葬祭１万人アンケート』（２０１６）

化してゆくプロセスである。その画期となったのが江戸時代である。

　江戸時代以前、家の先祖の供養のための菩提寺を持っていたのは、大きな政治力や財力を有した一部の人々だけであった。一般庶民が仏教に接するのは、村や町のお堂に参るときや縁日の寺院参拝など、特定の機会に限られていたのである（＊5）。つまり、大半の日本人は、江戸時代までは、家単位でも個人単位でも、寺院と継続的な関係を結ぶことはほとんどなかったのだ。その変化のきっかけが、江戸幕府によるキリシタンの弾圧だ。

　幕府は江戸初期からキリシタンを圧迫していたが、島原の乱を経て取り締まりは頂点に達し、すべての日本人がキリシタンではないという証書（寺請《てらうけ》証文）を僧侶に発行してもらうことが義務づけられ、その結果、特定の寺に檀家として所属するようになったのだ。

　こうして統治のために民衆は檀家として寺の配下に置かれるようになったわけだが、当然ながら、寺院は強い立場を得たことになる。寺の決まり通りに法要や先祖供養を行わなければ、極端な場合には、身分を保証してもらえなくなるのだ。お布施の額による戒名のランクづけ、寄進が少ない檀家の葬式延期など、現代の葬式仏教批判に連なる不満はこの頃から蓄積されていたのである。

　注意したいのは、圭室諦成の著作が葬式仏教という言葉を広めるきっかけとなったものの、前述の通り、曹洞宗の僧侶でもあった圭室は決して否定的な意味でこの言葉を用いていない。むしろ、明治期の天皇制復活に合わせて神道と権力が結びつき、それによって葬式を仏教から奪い返そうとした動きがあったが失敗し、それから１００年経った１９６０年代になっても「葬祭宗教としての仏教の地位は、依然として牢固《ろうこ》たるものである」がゆえに、その変遷を歴史学の観点から追ったのである（＊6）。

それでは、葬式仏教批判はいつから本格化したのだろうか。仏教研究者の碧海寿広《おおみとしひろ》によれば、戦前までは葬式仏教批判はほとんど起こりえなかった（＊7）。なぜなら、戦前の僧侶たちの多くは社会事業や教化活動に勤しみ、戦争協力のような仏教的には肯定できない社会活動まで行っていたからだ。寺や僧侶が葬式に専心しているとは見えようがなかったのである。そして前述の通り、戦後しばらく経った1963年に圭室の『葬式仏教』が刊行されたのだ。その翌年、作家の安岡章太郎（1920～2013年）が「葬式疲れ」というエッセイを書いている。

一番いけないのは私自身に宗教的な感覚が乏しく、葬儀をマトモに厳粛なものに受けとることが出来ないことだろう。ことに仏壇の横にすわって、一時間以上もつづく長い読経をきくのは、まことに苦痛だ。

だいたいお経の文句というのは、どうして、あんなにもワケのわからないものなのだろう。これは私の家の宗教が神道だからというわけではなく、ほとんど大部分の日本人にとって、坊さんのお経というものは一言半句も理解しがたいものなのではなかろうか。［中略］私は自分の死んだあとでは葬式など形式的なことは何もいらない気がしている。しかし、

＊5　圭室文雄『葬式と檀家』（吉川弘文館、1999）
＊6　圭室諦成『葬式仏教』（大法輪閣、1963）
＊7　碧海寿広「震災後の仏教に対する評価――メディア報道から読み解く」『佛教大学総合研究所共同研究成果報告論文集』6、（2018）

そうは言っても後に残った者は、やっぱり何もせずにはいられないだろう。――なぜかという理由はだれにもこたえられないにしても(＊8)。

ここには長時間の儀式がもたらす身体的な苦痛、理解不可能な読経など、葬式仏教批判の典型的な要素がふくまれている。その根本にあるのは、安岡の言葉で言えば「宗教的な感覚」の乏しさ、つまり仏教信仰の欠落である。信じていないからこそ、長時間の儀礼は苦痛であり、その費用は高く感じられるのだ。

しかし、安岡が書くように、多くの人は、とりわけ自身の葬儀については「形式的なことは何もいらない」と思いつつも、それでも残された者が何かやらなければならない気がしてしまうのも理解できるだろう。なぜ無意味で苦痛であるのに、仏式葬儀は圧倒的に支持されているのだろうか。

仏教を信じない檀家

そもそも現代の日本人のうち、仏教を信じている人はどれくらい存在するのだろうか。この点を考えるうえで参照したいのが、各宗派による自宗の実態調査である。

たとえば2012年の曹洞宗の調査では、寺院の各種行事への一般信徒の参加率は次の通りである。盂蘭盆会《うらぼんえ》(59・3％)、春と秋のお彼岸(それぞれ43・1％と40・1％)といった先祖供養に関わる行事には比較的多くの信徒が参加している。一方、釈尊降誕会《しゃくそんごうたんえ》（23・5％）、涅槃《ねけん》会《え》（18・6％）、成道会《じょうどうえ》（9・6％）といった仏教信仰と深く関わる行事、さらに坐禅会（8・8％）という曹洞宗の根幹に関わる行事の参加率は低く、草取り・掃除（34・1％）や除夜の鐘（22・6％）といったイベントを下回るのである（＊9）。

そして葬式については、「葬儀は何のために行うのか」が尋ねられているが、「故人を成仏させるため」（58・3％）という回答が最多である。この回答には「成仏」という仏教用語がふくまれており、一見は信仰にもとづく答えのようにも思われる。だが、「死者が最終的にどのような存在になるのか」という質問では、「先祖」という回答が32・3％で最も多く、「ホトケ」は17・7％に留まる。さらに、「何かになることはないけれども存在している」（13％）や「わからない」（12・1％）という回答も、ホトケに匹敵する割合を示すのである。

浄土宗でも、全国の寺院と檀家を対象とする大規模調査が行われている（＊10）。同宗の教えでは、葬儀は死者を極楽往生させるための儀式であり、そのために仏教徒の証である戒名の授与、阿弥陀の来迎引接《らいこういんじょう》を願う通夜などが行われる。

しかし、家族の葬式を行った人を対象に葬式の意味を聞いた質問では、「故人（霊）を極楽浄土（あの世）へ送る」と答えたのは3割程度で、約6割は「故人との別れ」「故人の冥福を祈る」「残された遺族の心を慰める」と答えている。つまり、葬式を宗教儀礼ではなく、「人間

＊8　朝日新聞1964年9月19日東京朝刊
＊9　曹洞宗宗勢総合調査委員会編『曹洞宗檀信徒意識調査報告書 2012年（平成24年）』（曹洞宗宗務庁、2014）
＊10　浄土宗総合研究所『現代葬祭仏教の総合的研究』（2012）

関係での儀礼」ととらえているのだ。また「自分のお葬式の意味」についても、「家族や友人などとの別れ」が43％と最多で、葬式は「浄土宗の教義とは離れた、『告別（お別れ）の式』」として理解されているのである。

そして浄土宗の調査にも、死者のイメージに関わる「故人の霊は、あなたにとってどのような存在であると思いますか」という質問がある。これに対しては、85％が「見守ってくれている」と回答し、他の選択肢の「困ったときには助けてくれる」（1％）、「供養をしないと良くないことが起こる」（2％）は極めて少ない。やはり宗派が説く信仰や教義とは結びつかない、漠然とした死者のイメージや死者に対する情愛にもとづいて葬式が実践されているのである。

同書には、宗教学者・池上良正による葬式仏教論が収められている。池上によれば、従来、儀礼は内面的信仰の副産物として軽視されてきた。だが、日本仏教は「死者供養仏教」であり、信仰ではなく、次のような通念に支えられているという。

（1）死者を安らかな状態に導くために、生者、つまり、生きている人は、一定の主体的な実践によって積極的な関与ができるかもしれない。

（2）安らかな状態に導かれた死者は、自分を助けてくれた（つまり、供養をしてくれた）生きている遺族に対して、多少なりとも超越的な力をもって守護・援助し、利益を与えてくれるかもしれない。

「安らかな状態」「多少なりとも超越的な」といった表現や、いずれの文章も「かもしれない」で終わっているのが重要だろう。死者の行き先が、教義で説かれるような地獄や極楽として具体的かつ詳細にイメージされているわけではないのだ。どこへ行くのかわからないが、安らかであってほしい。そして、残された者たちに対して、ささやかな恩恵を与えてくれたらありがたいといった感覚が日本人の死者供養の根底にあるのだ。

池上は、日本の民衆宗教史に関する別の論考では、○○教や○○信仰といったものが実体的に存在するという想定を廃すべきだとしている(＊11)。というのも、こうした宗教のとらえ方は、西洋キリスト教が異教を理解しようとするなかでつくられた観点だからである。その代わりに池上が注目するのが、日本人が死者に対してどのようなイメージを抱き、具体的にどのような対処をしてきたかだ。つまり、信仰ではなく、より実践的な思考と行動のパターンを論じるべきだというのである。

樹木葬は新たな葬法なのか

日本人は、死後の魂や阿弥陀仏の実在を確信しているがゆえに葬儀を行うわけではない。宗派が説く信仰よりも、死者への個人的な情緒やその地域で受け継がれてきた慣習などが重要な

＊11　池上良正『死者の救済史——供養と憑依の宗教学』(角川選書、2003)

のである。そして、こうした点を踏まえると、葬儀が持つ本質的機能が見えてくる。

冒頭でも述べたように、２０００年代以降、新たな葬法として海や山に遺灰を撒く散骨、葬式を行わず火葬場から墓地に直行する直葬などが関心を集め、特に樹木葬が注目を集めている。樹木葬とは、墓石を用いず、花や樹木を墓標とし、その下に遺骨を納める埋葬である。そして、樹木葬の広がりは、しばしば仏式葬儀への批判や「森をお墓にする」「骨が自然に還る」といった自然信仰の復活として語られることがある。

樹木葬は日本だけでなく、海外でも行われている。だが注意したいのは、そもそも日本の樹木葬の先鞭をつけたのは寺院であることだ。日本の樹木葬の先駆けは１９９９年に始まった岩手県一関市の祥雲寺のものだろう。当時の住職が発案し、寺が墓地として登録した雑木林に遺灰を埋葬するかたちがつくられた。現在は、祥雲寺の別院である知勝院によって運営されている。

知勝院の樹木葬墓地では、墓石のような人工物は用いられず、花木のみで埋葬地が示される。同寺のウェブサイトでは、「里山がそのまま墓地となる自然な葬法」「花に生まれ変わる仏たち」「雑木林づくりと墓地が合体した、散骨ではない新しいかたちの自然な葬法」といったコンセプトが示される。早い段階から大手新聞でも取り上げられているが、いずれにおいても、自然回帰や自然保護をキーワードに、樹木葬が新たな葬法として紹介されている（＊12）。

最近では、ＮＨＫの人気番組『ドキュメント72時間』で「樹木葬　桜の下のあなたへ」が２０１９年５月に放送された。同番組では、視聴者の投票にもとづいて年末にその年のベストランキングを発表して再放送されるが、樹木葬の回は同年の４位に選ばれている。

しかし、ここでまず確認したいのは、樹木葬は本当に自然回帰なのかという点である。風景計画論が専門の上田裕文は、日本と同時期に樹木葬が広がったドイツと比較しながら、日本の樹木葬の特徴と問題点を指摘している(＊13)。上田によれば、知勝院以降、各地で樹木葬墓地がつくられてきたが、そもそも樹木葬の定義は曖昧なままである。

日本では、遺骨を埋めた後に苗木を植えたり、シンボルとなる大木の周囲に遺骨が埋められたりする。だが樹木葬が行われる土地は、「住宅地に準ずる土地として使用される土地」として森林から除外される。一方、ドイツの場合、運営会社主導で全国的な整備が行われ、「森林に遺骨を納める」というコンセプトが明確で、何より樹木葬を行う土地区分も「森林地域」である。要するに、日本で樹木葬と呼ばれるのは、「墓石に変わる、新たな墓地や墓碑の形態を提供した」ものに過ぎないのである。

ドイツでは実態的にも法的にも森林での埋葬が行われる。だが日本の場合、森林を墓地に転用した樹木葬風がほとんどなのだ。また、自然回帰や自然調和が謳われるわりに、その持続性にも疑問が残る。というのも、ドイツならば、土地管理に土地の所有者、運営会社、そして国家公務員の森林管理者の三者が緊張感を持って関わる。だが日本では、土地所有者に一任され、そして多くの場合、土地所有者とは寺院や霊園なのである。

さらに興味深いのが、樹木葬を選んだ人々の動機である。宗教学者の宮澤安紀《あき》は、「複雑な

＊12 朝日新聞2000年3月21日夕刊「山林に埋骨して植樹 自分らしく自然にかえる 岩手・一関の樹木葬」読売新聞2004年8月12日東京朝刊「『自然に帰る』樹木葬」

＊13 「ドイツの樹木葬墓地にみる新たな森林利用」『ランドスケープ研究』79、(2016)

家庭環境を解決する手段」として樹木葬が選ばれることを指摘する（＊14）。通常の墓は、埋葬後も管理費やメンテナンスなどで遺族に負担をかけ、誰が継承するかという課題も残す。だが、墓石のような人工物を用いない樹木葬は、こうした家族の問題を引き起こしにくいのである。

前記の『ドキュメント72時間』で撮影の舞台になったのは、東京都町田市の霊園だ。ここでは樹木葬だけが行われているわけではない。むしろ、通常の墓石が立ち並ぶなかに、桜を墓標とする樹木葬エリアがいくつか設けられているといった印象である。そして、多くの霊園と同様、宗教や宗派を問わず利用可能だが、墓地経営管理者には浄土真宗の寺院があたっている。さらに同霊園のウェブサイトでは、樹木葬の最大の売りとして、後継ぎ不要な点と経済的負担の軽さが繰り返し強調されるのである（＊15）。

前述のように、樹木葬については、自然志向やエコロジーといった点が注目されるが、こうしたコンセプトは、簡便な埋葬を選んだことへの、ある種の言い訳や後付けの理由としてしばしば語られるという宮澤の指摘は重要である。

今後、日本でもさまざまな形の葬送や埋葬が出てくるだろう。だが、日本の樹木葬が実態的には他人の遺骨と合わせて埋葬する合葬と大差なく、新たな葬法の創案というより仏式葬儀葬のバリエーションのひとつとして理解できるように、見かけ上の新しさに釣られて、新たな死生観や葬送の脱宗教化を論じるのは拙速なのである。

骨を灰にする

日本では、メディア上での批判にもかかわらず、仏式葬儀が圧倒的シェアを占め続けている。それは日本で仏教信仰が盛んなためではない。宗教社会学者の櫻井義秀は、自身の体験を踏まえながら、仏式葬儀がもたらす効能を指摘している。枕経から告別式までの一連の儀礼は、それに集中することで悲嘆の感情を和らげてくれる。そして、次々と訪れる親族や知人との感情交流は、人間関係の強化・再確認の機会になるというのである（＊16）。こうした教義とはかかわらず、信仰には回収できない、種々の感情的・社会的機能が葬儀にはあり、日本ではそれは仏式葬儀によって最も効率的に表現されるのではないだろうか。

真言宗僧侶で宗教学者の星野英紀《えいき》は、日本人の骨（遺灰）に対するこだわりと愛着を論じている（＊17）。通常、死者に対しては畏怖と愛惜という背反的な態度が示されるが、少なくとも近代以降の日本では、骨は大切に扱われる。ほとんどの葬儀では、火葬場で遺灰が披露される。特に「のど仏」は『故人の成仏』を保証した証拠」として説明され、丁重に扱われる。また、

＊14　内田（宮澤）安紀「樹木葬申込者における自然観あるいは死生観」『宗教研究』89（日本宗教学会、2016）
＊15　https://www.izumijouen.co.jp/lp_jumoku/
＊16　櫻井義秀『これからの仏教 葬儀レス社会――人生百年の生老病死』（興山舎、2020）
＊17　星野英紀「骨」『宗教学事典』（丸善、2010）

遺灰の一部をアクセサリーにして身につけたり、加工して手元に置いて供養したりすることも珍しくはない。

葬儀とは、本質的には直前まで親しく暮らしたり、親愛の情を持って生活していたりした人の遺体を焼いて遺灰に変え、墓地という生者の圏域から切り離された場所に納めることだ。それまでかけがえのない存在として生きていた個人を遺灰という無機物に変換するのである。仮に誰かが亡くなったとき、何の儀礼も手続きも経ることなく、即座に機械的に火葬し、遺灰も他の人のものと一緒に処分されるとしたらどうだろうか。

客観的に見れば、そうしたところで法的問題はないし、時間や出費は大きく削減される。だが、多くの人は違和感を持つはずだ。葬式の機能のひとつは、あえて時間的・金銭的コストをかけて儀礼を遂行することで、有機体を無機物へと変換するプロセスを残された者が受け入れやすくすることだ。

そして江戸時代以来、日本では仏教がこの役割を担ってきた。そこでは、故人や遺族が明確な仏教信仰を持っているか否かは問題ではない。長い時間をかけて日本社会に定着し、広く行われている実践だからこそ、有機体の無機物への変換という手続きが滞りなく行われるのである。こうした「信仰なき実践」と呼べるような日本人と宗教の関わりが、仏式葬儀の根底にあると言える（＊18）。

再生医療をはじめとする医学の進歩は、人間の寿命を延ばしてゆくだろう。ひょっとすると、人格をパソコンにアップロードするようなことも可能になるのかもしれない。だが、それでもモノとしての身体はどうしても残ってしまう。むしろ、社会のデジタル化・スマート化が進むほど、遺体は時代にそぐわないものとなり、葬儀は不可欠になるのではないだろうか。

＊18　岡本亮輔『宗教と日本人――葬式仏教からスピリチュアル文化まで』（中公新書、２０２１）

（おかもと・りょうすけ）１９７９年、東京生まれ。北海道大学准教授。筑波大学大学院人文社会科学研究科修了。博士（文学）。専攻は宗教学、観光学。著書に『聖地と祈りの宗教社会学』（春風社、２０１２、日本宗教学会賞）『聖地巡礼』（中公新書、２０１５、英訳『Pilgrimages in the Secular Age』）、『江戸東京の聖地を歩く』（ちくま新書、２０１７）、『フィールドから読み解く観光文化学』（共編著、ミネルヴァ書房、２０１９、観光学術学会教育・啓蒙著作賞）、『宗教と日本人』（中公新書、２０２１）など。

看護と宗教をつなぐスピリチュアルケアの実践

玉置妙憂（僧侶、看護師）

聞き手：高橋ミレイ
文：八木あゆみ

看護師僧侶として「スピリチュアルケア」を実践する玉置妙憂。主な勤務地である緩和ケア病棟で、病気の治療が難しく、余命を宣告されて入院しているご本人と、その方を看取ろうとしている家族と対話をすることで死に向けてのケアを行っている。看護歴25年を経て、高野山で修行を積み真言宗僧侶となった後、台湾の大悲学苑でスピリチュアルケアを学んだ玉置に話を聞いた。

スピリチュアルケアとは、物語を書き換えること

――スピリチュアルケアと従来の精神医療のカウンセリングとは、どのような点が異なるのでしょうか？

玉置妙憂（以下、玉置）　カウンセリングとは一般的に、過去の物語のとらえかたを改善するために、過去をもう一度認識しなおすプロセスの手助けをするものです。従来の精神科のカウンセリングには、コーチングなどの要素も入ってくると思いますが、コーチングは未来に向けて効率よく合理的にものごとを進めていくことで夢を叶える手助けをします。臨床心理士の方は、過去や未来のことを守備範囲にしますが、どちらかといえば治療している当人の気持ちに関与します。病気になると人間は自己肯定感が低くなりやすいので、そこを臨床心理士はサポートしていきます。

カウンセラーや臨床心理士はすべて生きている人の生きているあいだのことを対象にしています。しかし、緩和ケア病棟にいる、余命宣告を受けて目前に死が迫った人は、当然のことながら死後の世界にも話題が及びます。そうなると、守備範囲外になってしまう。それでは困りますよね。その点、スピリチュアルケアは守備範囲が非常に広く、その人が根本的に持っているすべての問題に関わっていきます。死後や前世、来世など、時間軸の限りなく守備範囲となるところが従来のカウンセリングと大きく違うところかもしれません。

もうひとつの違いは目的やゴールです。まず一般的な心のケアの目的は問題を解決することです。辛い気持ちがなくなること、苦しい気持ちがなくなること、希望がなかったら希望が持てるようになることをゴールとしますが、スピリチュアルケアでは解決するかどうかではなく、苦しかったら苦しいままの自分を認める作業のお手伝いをすることとなります。

――玉置さんが行われている、デス・トライアル（＊1）について教えて下さい。

玉置　デス・トライアルは、いうなれば「死の疑似体験」でしょうか。内容としては、いま自分の持っているものを「大切な物」「大切な人」「夢や希望」の三つのジャンルでそれぞれ10個ずつ付箋に書き出します。出そろったら目を閉じて、物語がスタートします。「ここは病院の診察室です。検査結果をいまから医師が説明します…」と、ファシリテーターからその人が余命半年であると宣告されるところから始めて、死に向かうという物語に乗りながら次々と付箋を捨てていきます。実際、人の死とは自分に属するものをどんどん捨てていく作業です。

捨てていった結果、自分が最後に残すものは何なのか。やる度に違うものが残る人もいれば、毎回同じものが残る人もいますが、最後まで捨てられなかったものに対して自分がどんな思いを持っているのかを考える機会になります。そして、たとえば「お母さん」という付箋が残って、「死ぬときはお母さんにありがとうと言いたい」と思ったとしたら、いますぐ言いましょうと提案するのがファシリテーターの役目です。仕事が忙しくてなかなか実家に帰れないとか言っていないで、前倒しにしてみてはいかがでしょうと。このようにデス・トライアルを行う際は、専門のファシリテーターがいたほうがいいと思います。なぜかというとその場の雰囲気の次元をどれくらい上げられるかはファシリテーターの次元次第だからです。

――台湾におけるスピリチュアルケアの拠点「大悲学苑（＊2）」を参考に、2019年から日本でもスピリチュアルケアを広めようとされていますね。

玉置　2019年にわたしが始動した大慈《だいじ》学苑《がくえん》（＊3）でのスピリチュアルケアの目的は、それぞれの人が、自分の納得できる物語を自らつくることをお手伝いすることです。事実はひとつしかありませんけれど、それを見た人それぞれに物語が生まれます。たとえば東京オリンピックが大きな行事だったことは事実ですが、東京オリンピックにまつわる物語は、それぞれの人がつくるわけです。苦しい物語をつくれば苦しいし、嬉しい物語をつくれば嬉しくなる。ある人がもし苦しい物語をつくって苦しんでいたとしたら、その物語を書き換えるのも、

＊1　倶生山 慈陽院 なごみ庵住職の浦上哲也氏による「死の体験旅行」から着想を得た玉置妙憂氏が行うワークショップ。余命宣告から生涯を終えるまでのプロセスを、参加者が大切にしているものたちを手放しながら、その心の動きをシミュレーションしていく。

＊2　大悲学苑　台湾大付属病院の緩和ケア病棟に勤務する僧侶・看護師らが台湾大学医学部附属病院からの委託で2000年から訪問スピリチュアルケアの活動を始め、2013年に独立開業。終末医療の患者やその家族を精神的に支えることを目的に、自宅や老人ホームに僧侶を派遣している。

＊3　大慈学苑　台北の大悲学苑に学んだ玉置妙憂氏が2019年に設立。在宅療養をしている患者と家族を支えることを目的とした訪問スピリチュアルケアでは、看護師や介護福祉士、ケアマネージャー、スピリチュアルケア師、僧侶などの資格を持ち、傾聴のトレーニングを経たスピリチュアルケアのエキスパートを派遣している。

その方自身でしかありません。苦しいと感じている事象に対して何度も話をしながら、その解釈を少しずつずらしていくようなイメージでしょうか。その話し相手になるのが、スピリチュアルケアギバーです。

今後の大慈学苑がどのように社会と連携していくかについては、すでに始まっている取り組みとして、不動産会社との協働があります。いま、「孤独死」が社会問題になっていますが、ひとたび賃貸物件で「孤独死」が起こると、物件の価値下落や後始末の費用など、不動産会社にとってもダメージが大きいのです。「孤独死」というと高齢者が亡くなるイメージが強いかもしれませんが、実は最も多い世代は40代です。ご本人たちのためにも、自分たちのためにも、これは何かしら策を立てなければいけないと考え、不動産会社の方がわたしたちに声をかけてくれました。

そこで実際に行っていることは、スピリチュアルケアとしての訪問です。いま2000戸の住民に、「お話を聴きます」とお声をかけさせていただいています。話を聴いてほしいと反応をくれた方には直接お会いしてお話をお聴きしているのですが、ご自身の物語を書き換えれば大丈夫そうだと思える方から、なかには絶対に医療機関や行政に助けを求めたほうがいいというハザードが出ている人もいます。わたしたちは一人ひとりの入居者の話を聴くことで、「孤独死」に至る筋書きを変えようとしています。

他にはエンディング業界とのコラボレーションもあります。いまの時代、子どもが代々の墓を守っていくのは100パーセント実現できることではありませんし、親のほうも子どもに面倒かけたくないと、次々と墓じまいをしてしまいます。そうすると、お墓を閉じたはいいけれど、自分が死んだら自分の遺骨はどこに行くのかといった新しい心配事も生まれてきます。そこで、スピリチュアルケアの立場からお話を聴くうちに出てくる、亡くなった後の部屋の片付けや、共同墓地への納骨、四十九日ぐらいは執り行ってほしいなどの死後の望みを「死後委任契約」として引き受ける活動をエンディング業界と協力して行っています。

こうした状況を見ていると、人というものは「点」ではなく「線」の関わりを望んでいるのだと感じます。病院は点ですよね。不調があって入院して、亡くなるかもしくは退院して病院とのつながりは終わります。そして、世の中の多くのサービスが点で関わるものです。人生は線で続いているものなのに、線としてずっと関わるケアがなかなかない。でも、「線で関わるケアがあることで物事がうまく回る」ということが見えてきた気がします。最近は新型コロナウイルスの影響で気軽に直接会うことが難しくなってしまったので、Ｚｏｏｍで話を聴くスピリチュアルケアのオンラインサービス「聴く耳」を始めました。このように、社会のなかであらゆるものとコラボレーションしながら、その人が生きていくための支えを提供できればと思っています。

技術の進歩によって、死は多様化し曖昧化した

――アンチエイジングや延命治療、ハードウェアに自分の記憶データを保存するサービスなど、テクノロジーの発展はこれからの時代を生きる人々の死生観にどのような影響を与えると

思われますか。

玉置　生と死の境が曖昧になり、多様化していくと思います。かつて、生と死の境はいまより明確で、自分で食べられなくなったり、飲めなくなったりしたら、もうなす術がなく死を受け入れていたのではないでしょうか。それは医療技術がまだ未熟だったからでもあり、後は天に任せようと、シンプルに死を受け入れていたと思うのです。

しかしいま､医学が進化したために昔ほどシンプルではなくなりました｡食べられなくなっても、呼吸が止まっても、心臓が止まっても、現代医学はできることがたくさんあります。もちろん限界はあるものの、昔のように「食べられなくなったら天に任せよう」とは言えなくなったのです。ここで言う延命、つまり命が続く状態は心肺機能が動いていることを指します。つまり、意識もなく言葉を発することもできないけれど、機械の力を借りてでも心臓が動き、呼吸ができていれば、命が続いていることになります。そのような状態にある人の生をどう受け止めるかは人それぞれだと思います。機械につながれ、喋ることも食べることもできず、コミュニケーションを取れない。この状態を生きていると言うのか？　そう問われたときに、「生きている」と言う人も、「生きているとは言えない」と言う人も両方いるはずです。このようにテクノロジーの進歩に伴い、生と死のあいだは超個別化、超多様化、そして曖昧化しています。

仏教に阿毘達磨《あびだつま》（＊4）という、お釈迦様の教えが後の弟子たちによって体系化されたものがあるのですが、とてもシンプルに真理を説き、人間の根源に触れた内容になっていると感じます。そこでは、生命体であるとはどういうことかという命題に対し、生命体の最初で最後の条件は「そのものが認識すること」と書かれています。たとえば石が「今日は暑いからどうしようか」とは考えません。ゆえに生命体でないのに対し、虫は人間が目の前にいたらヒュッと逃げたり、四季によって行動を変えたりするなど、何かを認識をして行動しているので、生命であると言えるのです。

ところが、「自分以外のものを認識するものを生命とする」という定義づけだったところにＡＩが登場し、ＡＩは生きているのか否かという新しい問いが生まれました。たとえばＡＩが搭載されたロボットの前に立ったら、そのロボットはわたしたちを認識して「こんにちは」と挨拶をし、顔色や体温などを察知しながら、その日のわたしたちの状態に合わせたやり取りをするはずです。つまりＡＩを搭載したロボットが相手のことを認識しているとなると、ＡＩはお釈迦様が定義した生命体の部類に入ってしまうのではないでしょうか。このようにＡＩと会話することが増えていくであろうこの先は、生死の境目がますます見えづらくなると思います。もちろん２５００年前にお釈迦様はＡＩが登場するとは思っていないでしょうから、これから生命については違う定義をつくっていかないと通用しない時代になるかもしれませんね。

――現代はもちろんですが、今後はますます、医療の現場での選択肢が増えるほどに迷いや苦し

＊４　サンスクリット語「abhidharma（智慧によって真理を明らかにしていくもの）」の音写。原始仏教の聖典の一つで、釈尊の教説を整理しあらゆる角度から分析的に研究したもの。

みも増すこともあるのではないでしょうか。

玉置　もちろんあると思います。生死の選択肢が増えたことにより、「スピリチュアルペイン」という、解決しようのない根本的な人間の苦悩や精神的な苦痛を感じる人が増えています。なぜなら昔のように「自力で食べられなくなったら仕方がない」とは諦められなくなってしまったからです。

「諦める」というのは、実はとてもいい言葉で、仏教的には「明らかにしてそのままを見る」という意味です。ですから、家族を看取るときも、そのままを受け止めて見ているという状況になり得た。ところがいまは選択肢が増えて、なかなか諦められなくなりました。医療措置を行えば命は続きます。しかしながら、それを選ぶ場面には必ず迷いが生じるし、迷いが生じたらわたしたちはどちらを選んでも後悔します。選ばなかったほうを「あちらを選んでいたらどうだっただろう」と考えるのは人間の性ですね。

バーチャル時代、死者とのアクセスポイント

――最近では、お墓は管理に手間がかかるためスマートにしていこうという流れが強いです。

玉置　確かにそうですね。いま墓じまいをせっせとしている世代は60～80代ぐらいの人たちで

すが、彼らは何もない時代から物質的に豊かになることを目指してただひたすらがんばってきてくださった方たちです。生産性を第一義に、合理的であることをよしとしてきた方々ですから、当然墓じまいもしたくなるのでしょう。墓じまいの合言葉は「子どもに迷惑をかけないように」です。しかし、子どもの世代が「墓を閉まってくれ」と声をあげているかというと、実際のところそうでもないのではないでしょうか。どちらかといえば、まだそこまで具体的に考えられていない方のほうが多いように感じます。いま日本の社会全体が墓じまいを促進させてしまっている傾向にありますが、本当にそれが残された子どもたちの望みなのかについては疑問もあります。お墓は、死者とのアクセスポイントです。すごく疲れたときにお墓参りに行って、おばあちゃんに手を合わせて落ち着く人だっていますよね。

――バーチャル空間のお墓などはすでにサービスが始まっていますが、今後ＶＲやデジタル空間においてもアクセスポイントを設けることは可能だと思いますか？

玉置　おおいに可能性はあると思っています。しかしいまのバーチャル墓参りなどは、これまでリアルでやっていたお墓参りや法事をそのままバーチャルで再現しようとしているものなので、どこか滑稽ですよね。画面上に誰もいないお墓が映されて、りん（仏具の鈴）を鳴らすと煙が出る。これではリアルのほうがいいと思ってしまうでしょう。

リアルの再現とは別の方向で、ＶＲなどデジタル技術の活用の仕方はまだまだ可能性があると思います。従来のお墓という形式にこだわらず、たとえば宇宙のような空間をつくるなど、ダイレクトに人の感性に訴えかける方法やかたちを探っていけば、十分にアクセスポイントとして機能できるようになるはずです。まだ始まったばかりでどこも手探りだとは思いますが、バーチャル空間のアクセスポイントは、これからどんどん改良されていくはずです。これからの時代に合う方法を模索していくなかで、ゆくゆくはバーチャルのほうが主流になる可能性もあると思います。大事なのは気持ちの問題。残された人々が亡くなった方々とアクセスできて、気持ちが落ち着ければいいのです。

――最近、マインドフルネスや禅などが表面的に流行っている印象もあります。今後ＶＲなどのデジタル化が進むなかで仏教的要素を使う流れについてはどう考えられますか？

玉置　玉石混合になり、そのなかから自分に必要なものを選べる個々の感性が問われる時代になっていくと思います。自分で実際に食べてみてどうか、使ってみてどうか、ひとつずつ自分で体験して選んでいくしかありません。いまは世の中が便利になって、行ったこともない地球の裏側で起こっていることを画面上で見て知った気になってしまいがちですが、実際には自分自身で選んでいくしかありません。そのためには自身の審美眼や感性、直感を磨いていく必要があります。

死が近づくと、人はコミュニティから脱退していく

――今後の日本は少子高齢化でさらに多死社会になっていきますが、社会における宗教やコミュニティはどのような役割を果たすようになると思われますか。

玉置　人にとって宗教とコミュニティにはそれぞれ別の意味があると思います。まず宗教に関して言えば、人々の拠り所になりえたらいいと思います。世の中が変わるたびに物事の価値基準も変わりますよね。たとえば戦時中は人を殺してきた兵士に対して「すごい活躍だったね」とみんなで讃えていました。人をたくさん殺せば殺すほど自分たちが勝つわけですから、そこに生じる罪悪感は封印されていたと思います。

でもいまは人を殺すなんてとんでもない話だし、多くの人は戦争も良くないと考えています。つまり世の中が変わると、正しさの基準も変わるということです。しかし、さらに突き詰めていくと、世の中がどれだけ変わっても決して変わらないものがあります。それを仏教では「真理」と呼んでいます。真理は時代や人、社会がどれだけ変化しても、変わらずそこにあるものです。それこそが最終的な拠り所になるのではと思います。

これからさらに世の中が多様化・個別化していき、人々がそれぞれの価値観で行動するようになるなかでも、一億人がいたら一億人に当てはまる真理があるはずです。その真理を提

供して教える役割を宗教が担うべきであると考えています。

一方で、人は死が近づくにつれて、コミュニティからは次々と脱退していきます。それまでは会社、地域活動、趣味、家族など、さまざまなコミュニティに属しながら生きていた人も、仕事を辞めて、地域の集まりからも抜け、友達とも会わなくなって…と、まるで自分の人生を整理しているかのように自分を取り巻くコミュニティから離れていきます。そして「家族」が最後のコミュニティとして残ることが多いのですが、それすらうまく機能しなくなる場合もあります。なぜなら、いくら家族とはいえ、死が目前にある人の気持ちはわからないからです。宗教の指し示す真理は最後まで自分自身のなかに持ち続けることができるものですが、コミュニティは、自分の外とつながっているものなので、最終的にはすべてのつながりが切れていくものです。

——異国に移住して現地の言葉で長年生活していた人が、最晩年になると母国語しか話せなくなるケースがあり、そうした人々を支えるコミュニティもあると聞いたことがあります。死が近づいている人にとってのルーツには、どのような意味があるのでしょうか。

玉置　異国で同じルーツを持つ人たちのコミュニティは、異国という条件下だからこそ存在しているのだと思います。確かに、亡くなる方は死の3ヶ月ぐらい前から自分が生まれ育ってきた街や、昔のことを思い出してお話してくれるようになることが多いです。それは自分の人生をどのように歩んできたかを振り返っている過程なのだと実感します。そのように、亡くなる方にとって、ルーツはその方の存在理由そのものなのだと思います。

多様化・個別化が進むと、自分自身の基準の重要度が上がります。人間は根本的には一人で孤独なものですが、みんなそれを忘れて群れたがる習性があるように思います。それは動物としての本能かもしれませんが、自分と同じような感覚を持っている人と仲間になりたい、群れたいという思いがコミュニティという群れをつくります。

よく地域のコミュニティを育もうなどと言われますが、そもそも人は同じ思想を持って地域に集うわけではありません。とりわけ、それぞれの都合で、たまたま同じ場所に住んでいるような都会では、地域コミュニティというものはそれほど盤石ではないと思います。それ以外でも人は自分の価値観や主義主張を軸に群れていくものですが、自分に不利益であると思えば簡単にそこから抜けられますし、自分の考えが変わればそのコミュニティにはいられなくなります。ですから、それぞれの人のルーツ、たとえば故郷が永続的なものであることに対して、コミュニティは非常に細かなサイクルで変わっていくのでしょうね。

スピリチュアルの箱のふたがひらいた世代

――ご著書『前を向くために～死ぬのが怖いあなたへ～』（＊5）では、東日本大震災以降のメディアやポップカルチャーを分析すると、死が高度経済成長期よりも身近な存在として描かれることが多くなったと書かれていました。10年経った現在も同じ傾向にあると思われますか？

玉置　世の中がどんどん変わってはいるものの、同じ傾向は続いていると思います。スピリチュアルケアの考えからすると、東日本大震災という出来事によって多くの人たちの心のなかにある、スピリチュアルの箱のふたがひらきました。普段は意識してこなかった箱のふたが、あの災害でぱかぱかひらいたのです。

そしてその箱のふたがひらいた人たちがいま、さまざまな分野で活躍しています。たとえば彼らが歌をつくったり、小説や漫画を描いたりすることで、スピリチュアリティの高いクリエイティブが多く生まれました。流行曲ひとつをとっても、昔は具体的でわかりやすい歌詞が多かったのですが、いまの若い人たちが聞いている曲にはびっくりするほど深い歌詞がたくさんあります。それをごく普通にメロディーに乗せてカラオケで歌える感覚はすごいと思います。

ゲームも、1970年代の『スペースインベーダー』のようなシンプルなものから、近年もナンバリングタイトルが続く『ファイナルファンタジー』シリーズや『ペルソナ』シリーズなど、よりストーリー性の高いものへと進化してきました。心理学や哲学がベースにあるのではと感じるほど深いストーリーのゲームを、子どもたちは遊び感覚でやっているわけです。それは、スピリチュアルのふたがひらいた人たちがつくったものを、娯楽として楽しめる力がある若い世代がどんどん育ってきていることを示しているのだと思います。その流れは東日本大震災の前から少しずつ生じていたと思いますが、震災をきっかけに加速したことで、身の回りにあるごく普通の文化のなかにあるスピリチュアリティがより深いものへとなっていきました。

そしていま、それはさらに新型コロナウイルスの存在によって拍車がかかっていると思います。コロナが厄介なのは、死の影をまとっていること。重症化すると死ぬかもしれないからみんな大騒ぎしているわけです。これは東日本大震災のような自然災害よりも質が悪いと言えるでしょう。災害は、自分で防衛しようと思うなら物理的な距離を置けばよいですが、コロナのウイルスは世界中に蔓延している上に目には見えないので距離の置きようがありません。また、コロナ禍の終わりが見えない感覚も非常に厄介で、いま多くの人は世の中が完全に前と同じ状況に戻ることは無理だと感じていると思います。終わりが見えないなかで絶えず死が近くにあるこの生活は、たくさんの人のスピリチュアルの箱のふたを開けているのではないでしょうか。

もはや日常となったこの生活のなか、スピリチュアルの箱がひらくことでスピリチュアルペインを実感し、自分は何のために生きているのか、いつまで生きていられるかといったことについて考えさせられる機会が増えているのです。それは鬱病になる方や自殺者が増えることにもつながりますが、その一方で、人の持つ精神性も高まっているのだと思います。

スピリチュアルの箱のふたは、生まれてから死へと向かっていく一生の過程で最終的には、ほぼ全員ひらきますが、危機や刺激を感じたときにひらく場合もあるので、タイミングは人それぞれです。自分や親が大病したとき、災害に出くわしたとき、いままさに世界共通の経

＊5　玉置妙憂『前を向くために～死ぬのが怖いあなたへ～』（扶桑社、2020）

験となっているコロナ禍もそうです。誰にも保証されていないにもかかわらず、ふだんは明日も明後日も来年も再来年も生きているという前提を疑わないわたしたちですが、「それは違う」と気づいたときに箱がひらきます。いまの若い人たちはこの状況のなかでスピリチュアルの箱がひらく機会が多いと思うので、彼らがつくる今後の文化もさらに変容していくと思います。

――『前を向くために～死ぬのが怖いあなたへ～』では妖怪の話にも触れられていました。かつて昔話として身近に語られていた生と死の曖昧な領域は、人々にとって死を自然なものとして受け入れるのに役に立ったのではと感じます。あえていまの社会にその曖昧な領域を呼び起こすことができるとしたら、どのようなかたちで生活に隣接させられるでしょうか。

玉置　わたしはむしろ、生死の曖昧な領域、つまりグレーゾーンはかたちを変えていまも存在していると思っています。たとえばYouTubeなどで配信されている都市伝説が好きな方は多いですよね。現代の方もまた、不思議な話や非科学的で世の中の常識から少し外れたお話をほしがる気持ちが強い。そのように昔は地域に伝わる説話のなかにあったグレーゾーンが、近年はサブカルチャーのなかに引っ越したように思います。科学が発展して、日常生活でも部屋の隅々まで明るくなったので妖怪は住むところがなくなってしまいました。昔の家は暗かったので、その暗がりのなかに妖怪や死人が入るスペースがあったのに、それがなくなっています。いままで何があるかわからなかった山の向こうにも高速道路がつながって気軽に行けるようになったいま、「亡くなった人はあの山の彼方に行くのですよ」とは言えなくなりました。地続きの実生活のなかにもうグレーゾーンは存在できません。だからと言って人々のあいだにグレーゾーンを切望する熱がなくなったわけではなく、それがインターネット上で語られる都市伝説やゲーム、マンガなどのサブカルチャーのほうに引っ越したのだと思います。

――ひらいてしまったスピリチュアルの箱と、サブカルチャーのなかに引っ越してしまったグレーゾーンはどうしたら接続できるのでしょうか？

玉置　実生活を送るには、やはり実生活向けの「妖怪はいない」という考え方が必要です。しかし、グレーゾーンにアクセスしようと思ったら「妖怪はいるかもしれない」という考え方も必要で、二つの考え方をうまく使い分けることが生きやすさにつながる気がします。わたしたちは「非科学的なことを信じたらおかしい」という教育を受けてきました。とりわけ、いまの50代以上の世代は、物質的な価値を強く信じてきた世代なので、グレーゾーンを活用するという発想になかなか至りません。

でもいまの若い人は学校教育が相変わらずのままでも、触れているサブカルチャーの幅が広いので、二つの感性を同時に持つことができていると思います。そして本当は物事にもわたしたちの心のなかにも陰の側面と陽の側面があるはずです。自分のなかに相反するその二つの感性があることを認識して、それらを意識的に使い分けることがグレーゾーンとうまくつきあうコツではないでしょうか。

自分のなかに明かりを灯す

――看護師であり僧侶でもある玉置さんから見て、個人の死に臨む際の科学の限界と宗教の限界はそれぞれどこにあると感じていますか？　またそれらの架け橋をつくるためにはどういったことが必要なのでしょうか。

玉置　「死」に対する科学と宗教の限界は同じで、実際に死んだ経験が誰にもないことです。死んだことがある人がいて、実際に死後の世界を見てきたというなら素晴らしいですが、宗教も科学も、死に関わる分野を扱っている人たちは誰も実際には死んだことがありません。わからないことをそれぞれの立場からなんとかわかろうとしているのが現状で、それがシンプルな限界です。ですから、エビデンスを基軸にしている科学と、感性と直感を基軸にしている宗教、この両軸を使い分けつつ結んでくれる人が鍵になると思います。科学しか、もしくは宗教しか知らないということは、それはそれでエキスパートで良いのですが、両者を結ぶ人にはなり得ない。ですから科学を知りながら宗教的なことにも従事しているなど、どちらの軸もバランスよく持っている人が両者の間を埋めていくのだと思います。相手を否定するのではなく、親和性を持つことが大切ですね。

――科学やテクノロジーもふくめ、社会全体の仕組みや価値観が急速に変化する現代社会に生きる人々に向けたアドバイスをお願いします。

玉置　わたしからのアドバイスというより、２５００年前にお釈迦様がおっしゃっていた「自灯明《じとうみょう》」（＊６）という言葉を借りてお伝えします。お釈迦様が亡くなる間際に、弟子たちが「あなたが死んでしまったら、わたしたちはどうやって生きていけばいいのかわかりません」と泣いたとき、お釈迦様が「わたしを頼るのではなく、自分のなかに灯り持ちなさい」と言いました。自灯明を照らすために参考にするのは「法灯明《ほうとうみょう》」（＊６）ですが、「どんなに社会が変わっても絶対に変わらない真理を拠り所にして、自分のなかに灯りをともして歩いていきなさい」とおっしゃったのです。現代においても、まさにこれに尽きると思います。

わたしたちはこれまで、灯りは自分たちの外にあると思ってきました。その灯りとは科学や親の言うこと、あるいは国の言うことでした。ところが社会が急速に変わり、昨日正しかったことが今日は正しくないといったようなことも度々生じるようになりました。そのような世の中で生きていると、膨大な情報量のなかから一体何を頼りにしてよいのかわからなくなることもあると思います。そのときに、入ってくる情報はすべて材料だと考えることと、それらを取捨選択しながら消化して自分自身のなかに灯りをともすことが肝要です。そして、その灯りを拠り所として歩いていくしかないと思います。

自分の灯りを大切にして自分を愛することも大切ですし、人の灯りを認めることも大切です。自分を大切にするのであれば、他人の灯りについても「あなたはそうやって生きているんだね」と認める寛容さと慈悲の心が必要になるのです。まさに現代はそれを問われている時代だと思います。自分のなかに灯りをともして、自分の灯りも人の灯りも大切にする感覚を持って、これからの時代を歩んでいけたらいいと思います。

＊6 **自灯明・法灯明** 釈尊の入滅前後のことを記した経典『大般涅槃経』にある言葉。ここで言う「灯明」とは、人の持つ迷いを打ち破る智慧を指す。自灯明とは、他を頼らず自らを灯明とし頼りにすること、法灯明とは、正しい教えを意味する法を灯明とし頼りにすることである。

（たまおき・みょうゆう）１９６４年10月生まれ、東京都出身。１９８８年に専修大学法学部を卒業後、法律事務所を経て、長男のアレルギーをきっかけに看護師の免許を１９９８年に取得。がんを患った夫の最期をみとった体験から、高野山で修行を積み、２０１３年に真言宗僧侶となる。看護師、看護教員、ケアマネジャーとしての勤務を経て、２０１９年に非営利一般社団法人大慈学苑を設立し、代表理事に。著書に『死にゆく人の心に寄りそう　医療と宗教の間のケア』（光文社新書）など。

死者をおくる「おくりびと」

納棺士の仕事と現在

木村光希（納棺士）

聞き手：塚田有那
文：春口晃平

死者を棺に納め、故人が身支度を整えて旅立つまでをサポートする納棺士の仕事。20代の頃から納棺士として活動をスタートし、現在では葬儀場のプロデュースなどまで幅広く手掛ける木村光希に、いま世界各地に広がる納棺の仕事と、デジタル化が進むなかでの葬儀事情を聞いた。

文化としての「おくりびと」

――納棺士とはどのようなお仕事なのでしょうか。

木村光希（以下、木村）　納棺士は、故人が亡くなられてから火葬するまでのあいだ、ご遺体の状態を維持することが主な仕事内容です。そのなかに、メイク、お着せ替え、整髪、整体、傷の処置、体液が漏れないようにする処置、そして納棺（遺体を棺に納めること）を行います。多くの納棺士は専門の企業に勤め、葬儀会社の下請けとしてお仕事をすることが多いと思います。

――木村さんはお父さまの代から納棺士をされていますよね。

木村　はい、父からです。実は納棺を専門とする企業が誕生したのはここ30～40年くらいのことで、実際の納棺士の歴史は誰にもわからないと言われています。葬儀の歴史を研究している先生でも、わたしのところに聞きに来るくらいです。昔はご遺体の処置をするのはご遺族だったのでしょうね。大正時代の家政学の教科書（『応用家事教科書』ほか）などには遺体処置の方法が書かれていたそうですから。ただ、仏葬における湯灌《ゆかん》（遺体を棺に納める前に湯でふき清めること）自体には歴史があり、これまで納棺士に近い職業として湯灌師、湯灌屋さんと呼ばれていました。

――お父さまはどのようにして納棺士のお仕事を始められたのですか？

木村　歴史を遡ると、1954年に起きた「洞爺丸事故」に端を発します。青函連絡船の洞爺丸が台風によって沈没した海難事故で、死者・行方不明者合わせて1000人以上という、日本海難史上最大と呼ばれる事故がありました。この事故で亡くなられた方の多くは、北海道の七重浜に打ち上げられたのですが、遠山厚先生という方がご遺体を処置し、ご遺族への引き渡しをされました。このことをきっかけに遠山先生は納棺士の協会を設立されています。そして遠山先生の最後の弟子がわたしの父なんです。父は会社組織をつくり、納棺士をビジネスモデル化しました。それまではフリーでやられている方がほとんどで、会社として組織化したのは初めてのことだったようです。

――お父さまは、映画『おくりびと』（＊1）の技術監修をされていますね。『おくりびと』の公開は、木村さんご自身も影響を受けたと伺いました。

木村　遠山先生の納棺は、ご遺族にも手伝ってもらう方法が主で、それほど儀式性は高くなかったと聞いています。一方で、父の納棺はある種のパフォーマンスとして、儀式的な作法に注

＊1　『おくりびと』監督・滝田洋二郎、主演・本木雅弘（配給・松竹、2008）。第81回アカデミー賞において、日本映画史上初の外国語映画賞を受賞した。

力するようになっていったんです。その納棺方法を映画のなかで物語として伝えたものが『おくりびと』です。映画内でも、納棺の魅せ方には父も特にこだわっていましたね。ちなみに「おくりびと」という言葉は映画の脚本を担当した小山薫堂さんがつくったもので、わたしも後に社名に使うようになりました。それまでは納棺士という仕事があること自体があまり知られていませんでしたよね。わたしも、父親がどんな仕事をしているのかと聞かれても、「葬儀系」としか言えなかったのですが、映画公開以降は「おくりびとの仕事」と言えば伝わるようになりました。

『おくりびと』はもともと、主演を務められた本木雅弘さんが、元納棺士で作家の青木新門さんの『納棺夫日記』を読んで感銘を受けられ、映画をつくりたいと制作会社に依頼されたそうです。ただ、原作からの

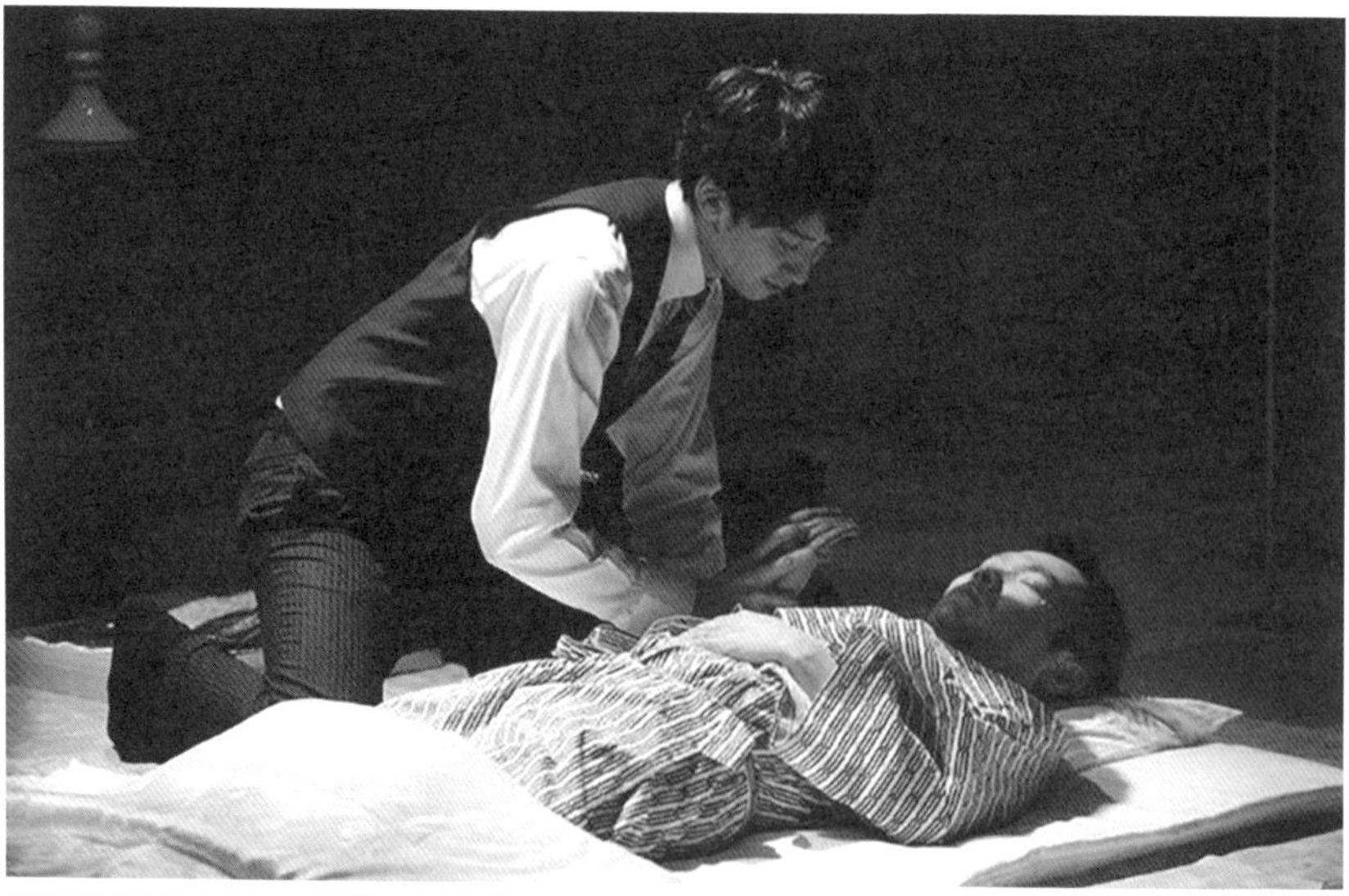

納棺の儀を行う木村さん（写真：本人提供）

映画化は難しかったようで、父に依頼が来たという経緯です。もともと納棺士は白衣を着て仕事をしていたのですが、映画では見栄えがよくないので、スリーピースのスーツを着ることになりました。本木さんがびしっとスーツを着て丁寧にご遺体と向き合う姿はとても印象的で、いまでも覚えている人は多いと思います。

こうした儀式性の高い納棺や所作が、この映画の大ヒットと共に全国に広まり、いまでは『おくりびと』の英訳として使われた「Departure」という言葉が、アジア中の納棺士のスタンダードになっています。

――納棺士という伝統的な仕事があって、それが映画によって広まったのだと思っていましたが、お仕事自体が映画でアップデートされた部分もあるんですね。

木村　そうですね。『おくりびと』がきっかけで、儀式性の高い納棺方法に切り替えられた納棺士さんもいますし、アジア諸国では映画の方法を真似して仕事を始めた方が大勢います。映画がひとつの文化をつくってしまった、と言えるでしょう。

世界に広がる納棺士

――木村さんは納棺士になるための学校「おくりびと®アカデミー」を設立されています。この学校を立ち上げられた背景を教えてください。

木村　映画をきっかけに、うちにものすごい数の求人があったんです。日々電話が鳴り止まず、毎日が面接みたいな状況でした。そうした状況を経験して、色々な方に求められている職業なんだと実感しました。それに、それまでの納棺士という職業は、職人気質で、教えるというよりは見て身体で覚えろというような環境でしたが、わたし自身、それがすごくいやだったんです。その環境を変えたかった。さらに映画がひとり歩きしてしまって、それっぽく納棺をされる人が増えてきたという印象もありました。技術を体系化して、ちゃんとしたカリキュラムをつくらないと、父のつくった「納棺士」の文化がなくなってしまうと思ったんです。そうした理由から、納棺士のプロを養成するための学校をつくりました。

——学校の設立は2013年、映画が2008年公開なので、わずか5年のうちに環境が変わったのですね。

木村　2012年頃に映画がアジアで公開され、日本の技術を学びたいという連絡が海外からたくさんありました。その頃中国（四川省重慶市）で約30人に納棺士について教える機会があり、そのときにつくったカリキュラムをもとに、そのまま日本でスクール展開したという経緯があります。

――海外で『おくりびと』はどのように受け止められているのでしょうか。

木村　宗教観などが違うので、さまざまですね。たとえば中国では映画への反響が大きく、日本のご遺体への敬意、尊厳を大事にする作法、技術、あるいは心や精神に至るまで、その理念をしっかり教えてほしいというオーダーがありました。ご遺体と向き合うという文化に対して、新鮮に感じられる部分が多かったようです。

中国で納棺士の仕事を教えた際、わたしが実際にご遺体を処置しているところを見せていたのですが、途中でご遺族が来られたという連絡があったので生徒たちはその場を離れました。わたしも後を追ったのですが、いつもの癖でご遺体に合掌してからその場を去ったんですね。それを見ていた生徒に、なぜ誰も見ていないのに合掌するのかと尋ねられたことがありました。そうした微妙な感覚の違いを伝えることには苦労しましたね。

――映画の冒頭では、納棺士が差別的な嫌がらせを受けるシーンもありましたね。それが映画公開以降は求人が後を絶たなかったように印象ががらりと変わったとのことですが、いまおくりびとアカデミーには、どんな方が入学されているのでしょうか。

木村　最初は葬儀社の方などが来られるのかなと思っていたんですが、実は少なくて。一番多いのが学生さんですね。最近は『おくりびと』を観てない人もたくさん来られます。最も多い志望理由が、自身の身内が亡くなったときに納棺士さんが来て感動し、自分も目指すようになったというものです。そういう話を聞くと、いまは映画の力ではなく、映画がきっかけで納棺士になった人がさらなる影響を与えているのだと感じますね。父の世代の方たちは、技術を漏洩させないことに必死でしたが、いまはどんどん情報を開示しているので、日本中に質の高い納棺士が増えています。その影響が、アカデミーの志望者としてうちにも戻ってきているのだと思っています。

街にひらかれる死

——現在では、葬儀場を全国に設立され、納棺士が葬儀をプロデュースする葬祭ブランド「おくりびとのお葬式」も立ち上げられたとのことですが、具体的な事業内容を教えてください。

木村　いま運営している葬儀場は11箇所あります。納棺士の仕事はご遺族と関係する要素が大きくて、お茶でも飲んでいってとか、明日も来てくれるんですかとおっしゃっていただくことがあります。でも、わたしたちは葬儀社さんからお仕事をいただいている身ですし、次の仕事が控えていることもあり、ご遺族からのさまざまな声に対応できないことが多々ありました。もっと納棺士ができることの幅を広げられればもっとご遺族のためになると、以前から常々思っていたんです。葬儀をプロデュースしたい、そして葬儀のプロデュースまでできる納棺士を育成しなければと思い、立ち上げに至りました。

――納棺士が葬儀をプロデュースすることで、従来の葬儀とはどのような違いが生まれるのでしょうか。

木村　葬儀社さんの葬儀は基本的にベクトルがご遺族に向いていますが、わたしたちは故人を中心にプロデュースします。この点がまず違いますね。たとえば、葬儀社さんではまず葬儀についての打ち合わせを行い、そのあと故人さまの処置をされますが、わたしたちは真っ先にご遺体の処置を行います。その後、こういう肌の色と体格をされているなら、こういう着物が似合うんじゃないか、といったように、故人さまにひもづいたかたちで葬儀をプロデュースします。これまでの納棺士は、故人さまが亡くなってから24時間ほど経った後に葬儀社さんに呼ばれることが多かったのですが、言葉を選ばずに言えばご遺体は生モノですので、わたしたちが到着する前に傷ついてしまうことが多かったんです。我々自身が葬儀までプロデュースできれば、ご遺体をすぐに処置することできます。

――コンビニの居抜き物件を葬儀場にし、地域にひらかれた活動をされていると伺いました。なぜそうした取り組みをされるようになったのでしょうか?

木村　まずは時代の移り変わりもあって、家族葬などのコンパクトな葬儀が求められているという現状があります。そうしたニーズに合わせて、街中にある元コンビニの物件などを選ぶことはメリットになると考えました。お客さまが葬儀社を選ぶ際も、普段から目にされている葬儀社を選ぶことが多いので、コンビニ跡地のような日常から目にする立地を探すことは重要です。うちでは葬儀場でハロウィンパーティやカラオケパーティをよく開催するのですが（笑）、お客さまがわたしたちの顔を見て、この人なら安心だなと思ってもらえるというメリットもありますね。

生前から関わりのある方をおくらせていただけることは、わたしたちにも使命感が生まれますし、普段から築いてきた関係性は重要だと考えています。こうした取り組みは、わたしたちだけがやってきたことではありません。これまでも多くの葬儀社さんが、勉強会などを通して地域にひらいた取り組みをされています。もちろん売上をつくる意図もありますが、地域の方々に日頃からちゃんと死と向き合う準備をしておいてほしいという意味合いも強いです。

——新築マンションの隣にお墓や葬儀場ができると嫌がられるなど、死を日常から遠ざけたいと考える人も多いと思います。そうした日常生活と死との関係性については、どう考えられていますか？

木村　当事者にならないと必要性はわかりませんよね。自分の身内に不幸が起きる機会はそう多いものではないので、葬儀場の必要性を感じられない人は多いと思います。新築で建てた家の隣に葬儀場ができることが嫌だという気持ちはよくわかります。ただ、人が生きて死んでいく以上、地域から葬儀場が不要になることはありません。

わたしたちが新しく葬儀場をつくるとき、近隣の地域の方々にご理解いただくには、やはり辛抱強く対話をしていくしかないと思っています。なぜわたしたちが葬儀場をこの場所でやりたいのか、普段からどういう思いで仕事をしているのか、丁寧に説明し続けることを心がけています。

――そうした地域住民との対話の機会は普段からあるのでしょうか。

木村　まったくないときもありますし、商店街や地域住民からの反対があり、説明会を開くこともあります。何が起きるかわからないと不安に思っている方が多いので、まずはそこを払拭したいと考えていますね。反対される方の多くは、匂いや、棺桶やご遺体が日常生活のなかで見えやしないかなどを心配されています。そうしたご心配に対して、わたしたちが配慮している点を細かく時間をかけてご説明します。

もちろん、悩むときもあります。正直に言うと、最近は全国各地に葬儀場が建ちすぎているんですよね。昔は立派な施設の葬儀社さんが多くて、一回の葬儀にかかる価格もなかなか高価なサービスが多かったと思います。それに対して、わたしたちはリーズナブルかつ高品質で、なおかつしっかりとお別れができる施設を新たにつくってきたのですが、現在ではわたしたちと同じようなモデルの小さな家族葬ホールなどが増えました。こうして数が増えてくると、これ以上自分たちでつくる必要もないのかなと、最近では別の事業の方向性も模索しています。

――葬儀を小規模にしたいというニーズは多いと思います。かつてのように、多くの近親者を招く盛大な葬儀は減ってきているのでしょうか。

木村　葬儀の小規模化はかなり進んでいます。もともと縮小傾向にあったのですが、新型コロナの拡大でより加速したと思いますね。もっと小規模に、スマートに、というニーズは昔からありましたが、その主な要因には現代人の「宗教離れ」が考えられます。お墓や葬儀の内容の多くは、日本なら仏式に沿ったものであり、仏式でよしとされる規模が直接コストにも関係していました。そうした形骸的な宗教観に違和感を覚える人が増えた結果、葬儀がコンパクト化している傾向はあると思います。もちろん、それ以外に核家族化など家族形態の変化も影響があります。また、ブラックボックス化していた情報がインターネットでオープンになったことも影響しているでしょうね。葬儀社に棺桶代がいくらかと言われたときに、これまでは「そういうものか…」と思っていたものが、いまではネットで調べると大体の相場観がわかりますよね。利用者が価格を比較するようになった結果、葬儀の単価自体が下がっているとも考えられます。

――今後の少子高齢化も強い影響を与えそうです。「一家代々の墓」といった感覚も、若い世代では変わってきています。地方と都市部などでは違いがあるのでしょうか。

木村　地方ではまだ一家で墓を守るという感覚は根強く残っていますね。たとえば「あなたが家族だと思う範囲はどこまでですか」という質問をすると、地方では遠い親戚まで入りますが、都内では「一緒に住んでいる人」に限定する傾向が強いように思います。家族という概念も変わってきているのでしょう。

最近では、介護施設などで亡くなられる方も増えていますので、いわゆる家族よりも近い距離にいる他人、たとえばヘルパーさんなどとも一緒に、ちゃんとおおくりできることのほうが本質的だと思います。そう考えれば、わざわざ葬儀場をつくらなくても、わたしたちが現場へ行けばいいんですよね。そういう考えもあって、最近は葬儀場を増やす展開を止めているんです。葬儀場に遺族を集めるのではなく、亡くなった場所へ納棺士が出向くだけでいいのではないかと思っています。

――最近は火葬場のプロデュースにも関わられていると伺いました。

木村　現在、国内の火葬場は区や市が運営している公営斎場がほとんどです。たとえば都内には主な火葬場が6ヶ所あり、東京で亡くなった方の7割がそのいずれかで火葬されています。しかし、もともと札幌で葬儀場を運営していた我々からすると、都内の火葬場にはあまり合点のいかないルールがあることを知りました。人口比率を考えれば毎日相当数の火葬が行われる現状があるのは理解できますが、効率化を求めすぎたためか、もっと丁寧に改善できる余地があると感じ、納棺士の視点からいくつかアドバイスをさせていただきました。たとえば、棺桶に入った状態でなければ火葬場の施設に入れないというルールがあったのですが、火葬場でも納棺の儀が行えるよう、棺桶に入る前の状態でも一部受け入れ可能になるようにお願いしました。また部分的にWi-Fi環境を整備するようにもなってきています。

コロナ禍が奪った「感情の連鎖」

――コロナ禍以降の影響を聞かせてください。たとえば遠方から葬儀に参列できないことで、オンライン葬儀のニーズなどは増えたのでしょうか。

木村　葬儀自体をオンライン化する方向はサービスとして始まっていますが、現状の数字ではまだあまり増えていないと思います。ただ、葬儀に参列する人の数が減った分、ご遺族がＺｏｏｍやＬＩＮＥなどを使って遠方にいるご親戚に配信するといった事例は増えています。やはり高齢者の方や、遠方にいる方はほとんど来られないという現状がありますね。

ただ葬儀の場でももちろん感染症対策はしていますが、納棺士はもともとご遺体に触れるという点から、コロナ禍以前から感染症に対するリスクヘッジをしていました。他方で、葬儀業者はご遺体に触らないので、感染症の知識があまりなく、わたしたちが納棺の儀の際にマスクをしていると、汚いものを触っているように見えるからやめろと言われたこともあります。コロナ禍以降、葬儀社の方も手袋やマスクを普通に着けるようになったことはプラスな点だと思っています。

――オンライン上で葬儀に参加することに関して、これまでとは違う課題はありますか？

木村　コロナ禍を経て、葬儀のシステムはよくできていると改めて思うようになりました。お経を聞く、一緒に食事をする、通夜の行事など、こうした一つひとつの儀式を、皆がひとつの空間で行うので、それぞれの方のなかにさまざまな感情が芽生えます。そうして同じ空間を共有するとき、一人の感情がまわりに連鎖する、いわば「感情の連鎖」を感じることがあります。残された人同士で故人の思い出を語ったり、自分の生を見直したり、触れて冷たいと感じたときに死の現実を受け入れたり、リアルでないと体験できないことがたくさんあります。

一方で、オンラインでの参列だと、映像を観ているだけなので、まるでテレビや映画を観ているような感覚になり、死の実感がわかないという声はありますね。残酷なことではありますが、死と向き合う、死を乗り越えるうえで重要な一丁目一番地は、現実を受け止めることです。また、故人との思い出を集まった人たちで共有することも重要ですよね。それらを共有する時間やグリーフケア（遺族の悲しみのケア）につながるプロセスが新型コロナによって失われてしまったことは、大きな問題だと思います。

バーチャル時代のグリーフケア

――オンライン葬儀以外にも、バーチャル霊園や墓地のデジタル化などは今後も増えていくように思います。葬儀とデジタル技術との関係で、変化の兆しを感じることはありますか？

木村　まず、わたしたちの会社では香典の電子決済が少しずつ増えていますね。今後現金が使われなくなるなかで、さまざまなシステムが新たに生まれるでしょう。また、これまで故人を偲ぶデータとしては写真が主流でしたが、いまは動画が増えていたり、そもそも写真や動画もいまはほとんどがスマホ内に保存されていたりするので、それらをクラウドで共有するようなことは増えると思います。後はやはり、コロナ禍が今後落ち着いてもオンライン上での参列は増えていくのではないでしょうか。今後はあらゆるサービスにおいてオンラインがスタンダードになっていく可能性も高いと思います。

――木村さんも関わられている「エンディング産業展（＊2）」では、「宇宙葬」や「樹木葬」など、新たな供養や墓のありかたを提案するものが多く見られました。今後はどんなサービスが出てくると思われますか。

木村　いままでのエンディング産業展は、葬儀自体にまつわるサービスが多かったのですが、いまは葬儀単価が下がっていることもあり、葬儀を主体としない死後の手続きや生前のサービスなど、産業の幅が広がってきている感覚があります。いずれにせよ、単なるサービスとするのではなく、時代のニーズに沿った新たな文化を構築することが大事だと思います。
今後は宗教離れによって、風習や文化の新たな再構築が求められるでしょう。その本質は、常にご遺族のグリーフケアを主軸とするべきです。その手段は、社会の変化に合わせて適切な手段に変えていかなければいけません。そのなかでさまざまなサービスが生まれ、人々に受け入れられれば、それが文化として定着していくのだと思います。

――『おくりびと』で描かれたことがサービスの方法論ではなく、真摯な故人との向き合い方そのものだった、それが文化につながったという視点は、デジタル時代にも活かされるでしょうね。

木村　故人を弔うことは、人間の本能なんだろうと感じています。その本能の部分は、社会が変わってもなくならないと信じているんです。弔いの形態は時代によって変化しますし、新しい手段として受け入れることで、選択肢が増えていくと思います。先日、わたしも学生時代のサッカー部の友人が亡くなるという経験をしたのですが、コロナの影響で葬儀に行けず、友人がいなくなったという現実を受け入れられずにいました。どうしようかと悩んだ末に、

＊2　東京ビッグサイトなどの大規模催事場で毎年開催される、葬儀や埋葬、供養、終活に関するサービスを出展する展示会。http://ifcx.jp/

サッカー部の仲間で集まって、みんなの寄せ書きを書いたサッカーボールを思いっきり高く蹴り上げました。それがわたしたちにとっての弔いでした。それでいいんだと思います。さまざまなかたちがあっていいし、それがサービスやビジネスとしてどうマッチしていくのかという違いでしかありません。

――死を感じること、考えることが少なくなった現代において、必要なことは何だと思いますか。

木村　最近では、死の受け入れ方にも変化が見られ、病院だけでなく、自宅や施設で死を迎える方も増えました。そうしたなかで自分の生き方について考えていくと、死を見つめていまを生きることに価値があるのだと、いま一度認識され始めているのではないでしょうか。震災があり、コロナ禍があり、死が突然自分たちに訪れることは社会全体に伝わっています。同時に、死を考えることが、よりよい生につながる。そうイメージできることが必要なのではないでしょうか。

（きむら・こうき）幼少の頃より、納棺士™である父の影響もあり、遊びの一環として納棺の作法を学ぶ。納棺・湯灌専門会社にて納棺士™としての活動を始める。２０１３年６月、株式会社おくりびと®アカデミーを設立。代表取締役に就任。同年10月、納棺士™の資格付けを行うための専門機関として、一般社団法人日本納棺士™技能協会を設立。代表理事となる。同年12月、超高齢化社会に対応する組織づくりへの取り組みが評価され、株式会社経済界主催「金の卵発掘プロジェクト２０１３」にて審査委員特別賞を受賞。２０１５年12月、納棺士™が葬儀をプロデュースする葬祭ブランド「おくりびと®のお葬式」を立ち上げ、全国で11店舗を展開中。

3章

死後労働

AIが故人を再現する時代へ

亡くなった著名人のあらゆるデータを使って、AIが故人の「復活」を試みる事例が相次いでいる。ジミ・ヘンドリックスから美空ひばり、サルバドール・ダリから手塚治虫まで、AIを用いたさまざまな取り組みが進むいま、その現状はいかなるものなのか。またそうした状況を「死後労働」ととらえる向きも生まれるなかで、AIが故人を再現可能な時代のこれからを問う。

「死後労働」が始まる時代

死後データの意思表明プラットフォーム「D.E.A.D.」の挑戦

富永勇亮（Whatever）・川村真司（Whatever）

聞き手：塚田有那
文：春口晃平

クリエイティブ・スタジオWhateverは、2020年に自身の死後のデータの扱いの意志を表明できるプラットフォーム「Digital Employment After Death（通称D.E.A.D.）」を始動した。その背景には、著名な故人の音楽家やクリエイターの「新作」がAIによって事実上発表可能となり、「死後も働き続ける」という社会状況がある。「D.E.A.D.」制作のきっかけと思いをWhateverの川村真司と富永勇亮に尋ねた。

もしも死んだ人と会えるなら

——Whateverが2020年から発表したD.E.A.D.プロジェクトとは、一体どんなものなのでしょう？

川村真司（以下、川村）　2019年にNHKと『復活の日〜もし死んだ人と会えるなら（以下、復活の日）』（＊1）という番組内で、死者の再現というテーマに取り組んだことがきっかけになりました。いまAIやCG技術を使えば、亡くなった方もテクノロジーの力で「復活」することが可能になります。でもそこには、必ず良い面も悪い面もある。そこで、まずはこうした「復活」に関するこれまでと現在の状況を、一旦客観的に整理したほうがいいだろうと思ったんです。死んだ人が復活することが、ポジティブに受け取られるのか否か、あるいはそうした復活が可能となった世界で、ぼくらは未来に向けて何を備えるべきなのか、または何をすべきではないのか。

こうしたことの調査をはじめ、リサーチ結果を公表すると同時に、死後のデータの扱いについて自身の考えを表明しておけるプラットフォームをつくりました。それが「D.E.A.D.（Digital Employment After Death＝死後デジタル労働）」です。もともとは、SXSW2020

＊1　『復活の日〜もし死んだ人と会えるなら』NHK総合、2019年3月28日放送。Whateverは企画とアートディレクション、テクニカルアドバイザーを務めた。

（＊２）のカンファレンスで発表する予定で始めたプロジェクトで、世界中からのリアクションを集めようと考えていました。

――きっかけとなったＮＨＫ総合のテレビ番組『復活の日』について、概要を教えていただけますか。

川村　『復活の日』は、亡くなられた人をテクノロジーで復活させて、いま生きている人と会話をしてもらうというプロジェクトでした。番組では、出演者の出川哲朗さんと、８年前に亡くなられた出川さんの実のお母さんが「復活」して登場します。

富永勇亮（以下、富永）　とはいえ故人を冒涜するものになってはいけないし、何より出演される出川さん本人が嫌がるものであってはならないと、長らく悩んでいました。ただ、あるとき放送作家の方から「デジタルイタコ」というキーワードが出てきたんです。自分に別の人格をおろして話すイタコ――その状態をテクノロジーの活用によってつくることができれば、愛する人の内面を引き出せるのではないか。そうしたフェイク・ドキュメンタリーのような番組にチャレンジしようという企画に発展したんです。

川村　重要だったのは、誰の願いによって、誰を復活させるかという点でした。その部分がブレると、単なる技術の紹介で終わってしまいます。今回で言うとまず出川さんの「お母さんにもう一度会いたい」という願いが起点となり、さらに出川さんのお兄さんやお姉さんなどのご家族にとっても、納得して喜んでもらえるような「復活」にできるかどうかが重要でした。当人たちがお母さんとの再会を通して気づきを得たり、会えてよかったと思ったりしてもらえることが、このプロジェクトの成功だと考え、制作を進めていきました。

――プロジェクトを進めるにあたって、苦労されたことはありますか。

富永　ほとんどデータがなかったことですね。本当に写真が少なくて、ぼくらの手元に届いたのは数枚の写真と15秒ほどの解像度の低い映像だけでした。通常、CGでの再現は生前の写真データを用いるのですが、今回はお兄さんとお姉さんの記憶、および親戚の方へのヒアリングで情報を集めるなどして、再現を進めていきました。ところが、お姉さんにとってのお母さんの存在と、お兄さんにとってのお母さんの存在は、少しずつ違ったりもします。何度も修正を繰り返し、ヒアリング情報をもとに細かな仕草などをつくっていきました。

それはまるで、お母さんをもう一度探しにいく記憶の旅のような時間でしたね。ご家族には取材から収録まで長期間にわたりご協力いただきましたが、徐々に「お母さんになってきた」と話してくれました。最後は何度も涙を流されて、お母さんがここにいるとおっしゃっていました。苦労の大きい作業でしたが、お母さんをかたちづくるための重要なプロセスだっ

＊2　SXSW（サウス・バイ・サウスウエスト）。毎年3月にアメリカ・オースティンで開催される、音楽・映画・テクノロジーをテーマにした複合フェスティバル。2020年は新型コロナウイルスの影響で中止となった。

たといまでは思います。

——つくるプロセス自体が、ケアのひとつになっていたのですね。

富永　世界的スターのような誰もが知る人物を復活させることと、身近な家族を復活させることとでは、意味合いがまったく違いますよね。今回は後者だったので、「ご遺族を喜ばせよう」という目的自体がすでにケア的な要素をはらんでいたのだと後から思いました。

——美空ひばりやジミ・ヘンドリックスなど、亡くなられた著名人を再現して歌わせたり、新曲をつくったりするようなプロジェクトも最近目にする機会が増えました。

川村　『復活の日』をつくってみたからこそ思うのですが、ＡＩによる新曲制作などは、果たして故人やファンが本当に喜ぶのかということを、しっかり考えるべきだと思っています。現状の技術による「復活」では、あくまでも過去の事実の切り貼りや、ディープラーニングなどを使った「その人っぽい表現」という体験を生み出すので精一杯です。本当にその人が生み出した創作物や表現活動には遠く及びません。だからぼくらは故人に「新しい表現」をつくらせるような行為には抵抗感があります。

その点で言うと『復活の日』は、「ファクトだけをベースに、架空の話は盛り込まない」というルールを決めていました。そうでないと、ぼくらが勝手に創作した受け答えになってしまい、復活自体がどんどん嘘になってしまう。今回はモーションキャプチャの技術を使い、お母さん役である演者さんがアドリブで会話をするのですが、シナリオは事実をベースにたくさんのオプションを用意しました。それに加えて、故人の細かい仕草やポーズなどを再現するという小さな積み重ねが、「復活」という試みに成功した理由だと思っています。

富永　ご家族に取材をして得られた内容のみにフォーカスすることが大事でした。また、出川さんの最近の活動内容など、お母さんが亡くなった後の内容には絶対に触れないように気をつけました。

「AI美空ひばり」が紅白歌合戦2019に登場して、新曲を歌ったプロジェクトもネット上では賛否両論が沸き起こりましたよね（＊3）。特に否定的な意見が強かった背景には、死後の未来が、その人の意図を介さずに存在してしまうことに多くの人が恐怖や違和感を覚えたからではないでしょうか。一方、幸いにも『復活の日』で大きな批判がなかったのは、復活した人の有名無名にかかわらず、これはあくまで一家族の物語であり、その範囲を出ないようにデザインしたからだと思っています。

＊3　美空ひばり没後30周年の2019年に行われたNHK紅白歌合戦で「新曲」を披露。ディープラーニングを活用したヤマハ株式会社の歌声合成技術「VOCALOID:AI」を使用して歌声を、立ち姿を4K・3Dの等身大ホログラム映像で再現した。

あの世とこの世を分かつデザイン

――他方で、死者をビジュアルとして再現するうえで気をつけたことはありますか。

富永　番組内では、出川さんはスタジオに座っていて、その右側にお母さんが座っているように見えますが、実際は大きなモニターを設置し、出川さんのお母さんのCGビジュアルはフェイスキャプチャーなどを使ってリアルタイムで映し出される仕様になっています。一見、出川さんとお母さんは同じ空間にいるように見えますが、出川さんの視野からは、モニターに登場するお母さんを見る構造になっています。

つまり、お母さんがいる世界はあくまで彼岸の先であって、いまこの瞬間だけ出現している、実際にはここにはいないのだと感じられるよう意識しました。撮影時の画角もその部分をかなり意識しましたね。フレームワークを検討するために、コンピュータ上でシミュレーションを繰り返して、お二人がぎりぎり一緒にいるように見える構図を、現場で再現していきました。『復活の日』というタイトルも、ある一日だけお母さんが復活する、永続的に戻ってくるわけではないというテーマを意識してつけたネーミングです。

川村　デザイン的には、舞台上のセットもなるべく要素を少なくしました。最初のプランでは、三途の川とか、天空の上をイメージしたセットの構想もありましたが、どれも余計ですよね。出川さんが復活したお母さんと出会うことのみにフォーカスできるよう、テクノロジーはなるべく目立たず、人形浄瑠璃の黒子のような存在となるよう設計しました。

――墓石や仏教的なメタファーを使うのではなく、すごくシンプルに削ぎ落としたセットのほうが、死者が立ち上がるインターフェイスのデザインとして最適なように思えますね。

川村　それぞれの目的に沿ったデザインはあります。『復活の日』はテレビ番組だったことと、あくまで優先されるべきは出川さんのご家族ということ、そうしたなかで復活することと真摯に向き合った結果、こうしたデザインになりました。遺された人々が過去を思い出したり、共有したりすることのほうが大切だと思いますし、そこを意識しています。また、デザインを設計するうえでは、周囲の人がどういった「復活」であれば許容できるのかも重要です。設計の範囲を見定めてデザインしないと、納得できない人が増えてしまいますから。

死後労働と社会のこれから

――家族のケアに焦点を絞った『復活の日』から、D.E.A.D.では死後労働にフォーカスされたことが興味深いです。「死後も労働させられている」という概念に至った経緯を教えてください。

川村　『復活の日』に取り組んだとき、このプロジェクトはそもそも倫理的にどうなのかという議論がチーム内でも多数ありました。ぼくらはこれまで見たことのないようなプロジェクトを実現するために集まったクリエイティブ・スタジオなので、単に倫理的に批判が出そうだからつくらないでおこう、とは言いたくない。むしろどうやって倫理の壁を超えて、このテクノロジーをポジティブに使えるような世の中にできるか、そういったことを考えるうえでまずは前述のように、この「復活」にまつわるリサーチを進めていきました。

その過程で古今東西の「復活」事例をスタディしているうちに、「これってまるで、死んだ後も働かされているようなものだよね」という意見が出てきて、その視点がとても示唆的だったんです。こうして「復活」させられる状況を「死後デジタル労働＝Digital Employment After Death」と名付けました。労働という言葉にはネガティブな印象があるかもしれませんが、自分の死後も何か価値を生み出し続けられる可能性があるというポジティブな意味もふくんでいます。たとえば、死後デジタル労働を通して、遺族にその対価が払われるなら、死んだ後に復活させられても構わないという人もいるはずです。

富永　D.E.A.D.を始めるにあたって、まず調査を実施しました。故人の復活について、ネットでの雰囲気的にはネガティブな意見が多かったのですが、そもそもネットはネガティブな人の声のほうが大きいものですから、調査を通して実際はどう思われているのか知りたかったんです。

実際に日本とアメリカで調査すると、36・8％の人は復活を望んでいることがわかりました。一方で63・2％の人は反対しているとなると、その人々の意志も守る必要があると思ったんです。そこで、自身の復活を防げるよう、死後のデータの扱いについて自身の考えを表明しておけるプラットフォームをつくりました。たとえば俳優のロビン・ウィリアムズは、死後10年間は自身の肖像利用を禁止するという遺書を残していて、そうした事例を参考にしながら意思表明のフォーマットをつくりました。

川村　最近の例で言うと、２０２０年のアメリカ大統領選挙の際、銃乱射事件で犠牲になった息子を両親がＡＩを使ってＣＧで復活させた動画を作成し、「ぼくの代わりに投票してほしい」と銃規制の強化と選挙への投票を呼びかけるプロジェクト（＊４）がありました。遺族の意志によって実現しているので問題はないようにも思いますが、これは生前の本人の言葉ではなく、彼を想像しながら書かれた架空のメッセージなわけです。それが倫理的によいのかどうかの線引きは非常に難しい。

ただこうした場合でも、もし生前の本人からそういったメッセージを死後に出すことに関する了承があれば、ぼくらがその是非をどうこう議論する必要はなくなります。それでも世論は分かれると思いますが、ぼくは本人が許可していたのであればいいと思う。そんな良い

＊４　２０１８年にアメリカ・フロリダ州のパークランドの高校内で発生し、計17人におよぶ犠牲者を出した銃乱射事件において、犠牲者の一人であるホアキン・オリバーさんの両親がMcCann Healthと協力し動画を制作した。

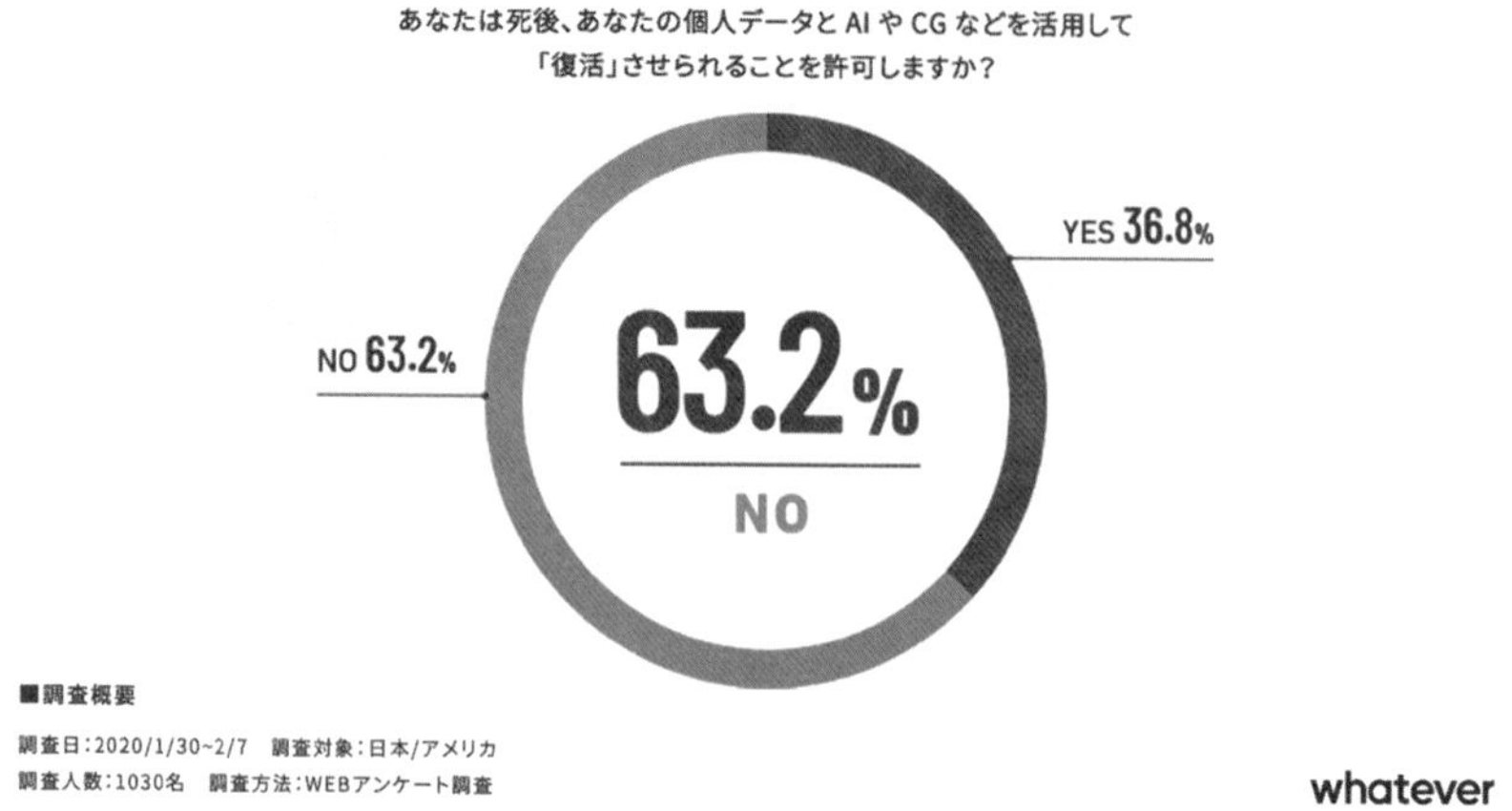

「D.E.A.D.」が行ったアンケート調査

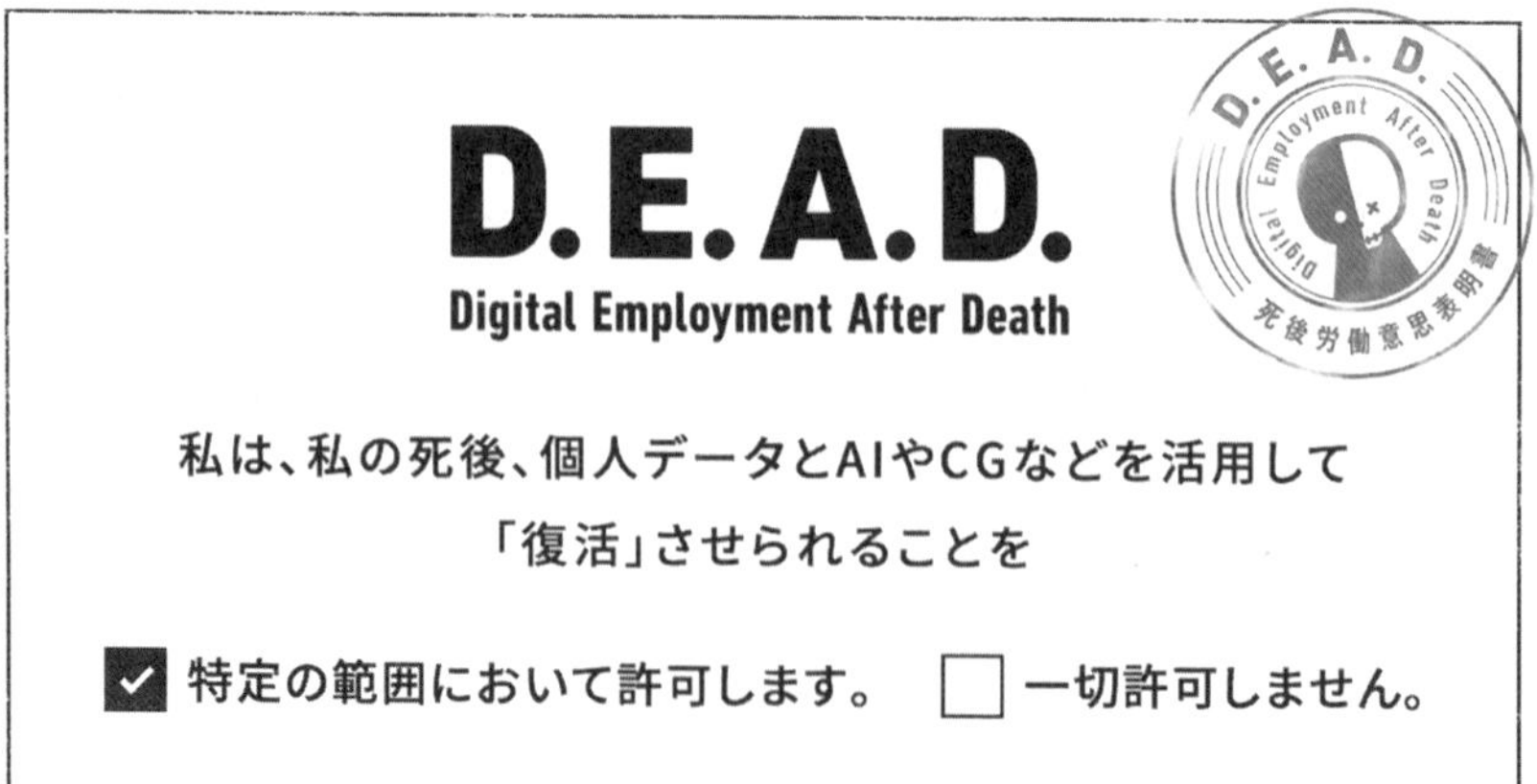

「D.E.A.D.」が制作した、死後データ活用における意思表明ボード

も悪いもひっくるめたさまざまな事例を知ったうえで、じゃあ自分ならどうするのかと、意見を表明しておけるようにすることが死後デジタル労働の今後の発展にとって重要だと考えたことから、D.E.A.D.を始めました。反射的に規制するのではなく、死後労働の概念をポジティブに認識される土壌をつくりたいと思っています。

――クリエイターとして自分の死後を意識していることはありますか。

富永　ぼく自身はあまりデータを残しておきたくない派なので、いつでもデータを消しやすいようにしておこうと思いましたね。現代では、SNSなどを通して、オンライン上の至るところに自分自身の情報が広がってきています。ネット上に自分自身をばらまいているんだということを念頭におくと、自分の何かしらはどうしても残るわけで、そうした情報を使って自分が死後復活することはありえるのだと、まずは想像することが大事だと思います。そのことはすごく意識するようになりました。

川村　ぼくは、遺族にお金が発生するなら復活したい派です。ワーカホリックなので、死んでも仕事をしていたいと思う(笑)。他方で、現行のテクノロジーの限界も見えるようになってきて、いまの技術では、まだぼく自身が納得できる復活のさせられ方はしないだろうなと。であれば、富永と逆のことを言いますが、いま何を残せるか、生きているうちに何ができるかが重要だと思います。死んだ後に働くというよりも、死んだ後も新しい価値を生み出せるかどうか。そうしたシステムがつくれるとすばらしいですよね。そのために、いま生きているぼくたちがどんなシステムをつくっておけるか、何を残せばいいかを、よく考えるようになりましたね。

――働くという意味では、遺族に金銭的なインセンティブがあるかどうかも重要ですよね。

川村　さらには、そうしたインセンティブがポジティブに循環するようになれば、遺族のためだけじゃなく、世の中のために活用することも考えられます。臓器提供とも構造は似ていますが、自分は死んでいるんだし、死後労働して稼いだお金を発展途上国の子どもたちに寄付するとか、とてもいいですよね。そうした仕組みがつくれるといいなと思います。

技術と社会の倫理的な関係のために

――今後は死後も個人情報がデータビジネスに活用され続ける可能性もあります。監視資本主義（＊5）とも呼ばれる現代のテクノロジービジネスについて、どのように考えていますか。

川村　ビッグブラザー（＊6）がいるような状況は気持ち悪いなと思いますね。でも、問題は一企業や団体が自己利益のためだけに個人の情報を保有することが気持ち悪いのであって、データの提供側であるぼくらが自分自身でコントロールできる仕組みになっていれば、問題は変わってくると思うんです。たとえば貨幣経済における貨幣の代替として、今後はデータがあるという認識や、そのための法律やプラットフォームが確立されて、自身でちゃんとデータの価値を理解しオプトアウト（拒否）するといったコントロールができるようになるといいですね。その自由もなく、一方的な搾取構造になっているのはよくないので、企業側から消費者へきちんとそのことを伝えたうえで、選択できるようにする。それはD.E.A.D.が先んじて試みていることでもあります。

富永　日本はGDPR（＊7）に批准する国ですし、個人情報への配慮は必要だと思っています。その配慮とは、個々人に意思決定の余地があることだとぼくも思います。個人情報も、自分の意思で売買できるのなら、価値あるものになるでしょう。それがいまは、大きな企業だけが利益を得ている。そうではなく、個人が自分のデータを提供することで何らかの利益を得られるとか、あるいは公共に活かしてほしいと思えるかどうかも重要です。その選択ができればいいと思いますし、D.E.A.D.はその出発点です。いまは認められていない死後の肖像権ですが、すでに価値あるデータになっています。そのことをよく理解し、個人が自身の

＊5　ウェブ上に記録された行動データなどの個人情報をもとに、企業が消費者一人ひとりの行動を予測し、自社のサービスへの誘導などを通して利益をあげる仕組み。
＊6　ジョージ・オーウェルの小説『1984年』に登場する架空の独裁者。国民を過度に監視する社会のたとえとして用いられる。
＊7　EUが個人情報保護を目的として定めた「一般データ保護規則（Gennenral Data Protection Regulation）」。企業などがEU域内で取得した氏名やメールアドレス、クレジットカード番号といった個人情報に関する本人の権利を規定する法律であり、EU域外の企業・団体にも適用される。

データの活用を好むのか好まないのかを選択できる環境を整備したうえで、死後のデータ活用の市場ができればいいと思います。その環境が前提でなければ、誰かが傷つくことになってしまいますから。

――先端的なテクノロジーが社会に実装されていく際に生じる社会的なリスクについては、クリエイティブ・スタジオとしてどのような意識で取り組まれていますか。

富永　『復活の日』をつくったぼくたちが、その次の年にD.E.A.D.をつくったことは、技術がもたらすリスクを考えるうえでも重要なステップだと思っています。ある意味で自己否定につながるような活動を、自分たちで反芻して、議論し合っている。そうでなかったら、『復活の日』を連続して企画するとか、その発展だけを考えていたかもしれません。

さまざまなかたちで世の中に出ていった自分たちのクリエイティブが、社会からどう見られているのかを考え、反省して、クリエイターとしてもっと広がっていく先を描くためにも、別の道を用意する。それがそのままお金や次の創作につながらなくても、オルタナティブなありかたを考えること自体が重要だと思っています。自分たちがつくったものに責任を持ってその行く末を見守ることは、いまのクリエイターには必要なことだと思います。自分たちでつくったものを自分たちで火消しするくらいの、覚悟と責任を持っていたいです。

川村　新しいものに対しては、なんにせよ一定数の反発が生まれることは避けられません。『復活の日』のような取り組みを増やすためにも、新しい事象に対する世論を調べたほうがいいし、新しい技術がもたらすリスクを回避するために作品があるとも考えられる。どんなテクノロジーにもリスクが伴うわけで、でも実験してみないと先には進まない。でもやっぱり怖い。常にその繰り返しだと思いますが、一度技術が生まれると、どれだけ懸念を抱いても、きっとどこかの誰かがそれを前進させてしまうものです。そのとき、使う人の立場になって、ある種のルールや、どういう土壌があればより健全に実験できるのかを先回りして考えることが大事なことなんだと思います。そうした視点でD.E.A.D.の活動を続けていきたいですね。

死が生活に近づく世の中で

――本書のように死をテーマにすることで、テクノロジーだけでなく、わたしたちの社会とは何かを考えるきっかけになればと思っています。いまあらためて死を考えること、死を活用したコンテンツが生まれていることに対して、どう感じていますか。

富永　人間は、紀元前から1940年くらいまでずっと平均年齢が低く、寿命はほとんど30～40代くらいだったと言われています。それが、このわずか100年くらいで平均寿命がずいぶん上がっています。死因を見ても、かつては感染症や外傷による死者が多かったのに比べると、現代では三大疾病や生活習慣病、認知症など、死や老いが外的な要因から生活そのものに近づいています。だからこそ、テクノロジーの進歩によって死が遠くなるはずが、逆に死を意識し始める時代になるのではないかとすら思います。ひるがえって、生きていることの意味が変わって、ただ生産して消費するだけではない生き方が求められていることも、ある種の必然なのではないでしょうか。そうした意味で、寿命が圧倒的に伸びている時代にこそ、何を社会のためにつくるべきかを意識していきたいと思っています。

川村　寿命も伸びるわ、死んだ後は働かされるわ、現代人はたいへんなわけです（笑）。そうした人たちに喜んでもらうために何をつくれるのか。そのなかでどういう可能性をコンテンツとして示すことができるのか。死後も新しい価値を生み出し続けられるシステムをどうすればつくれるのかを考えたいですね。仮にぼくらのD.E.A.D.が広がって、みんなが死について意思表明している世の中になったとしたら、どういうモデルがあればみんなが幸せになれるか。せっかく死とテクノロジーに携わってきた身としては、こうしたことを継続して考えたいと思います。

（とみなが・ゆうすけ）Whateverプロデューサー／CEO。立命館大学在学中の2000年にAID-DCC Inc.設立に参画、COOとして在籍。2014年4月dot by dotを設立。2018年からPARTY NYのプロデューサーを兼務、2019年1月に合弁、Whatever Inc.を設立、代表に就任。2019年8月に東北新社と共同出資しWTFCを設立、CSOに就任。広告、インスタレーション、ミュージックビデオ、IoT、ファッション、TVなどメディアを横断したプロデュース活動を行い、カンヌライオンズ、SXSW、文化庁メディア芸術祭、The Webby Awardsなどを受賞。クリエイター同士のゆるやかなネットワークをつくることがライフワーク。

（かわむら・まさし）Whateverチーフ・クリエイティブ・オフィサー／COO。Whatever合流前はクリエイティブ・ラボPARTYの共同創設者／エグゼクティブ・クリエイティブディレクターとPARTY NYのCEOを兼任し、すべてのグローバルビジネスを担当。数々のブランドのグローバルキャンペーンをはじめ、プロダクト、テレビ番組開発、MVの演出など活動は多岐に渡る。カンヌ広告祭をはじめ数々の賞を受賞し、アメリカの雑誌Creativityの「世界のクリエイター50人」やFast Company「ビジネス界で最もクリエイティブな100人」、AERA「日本を突破する100人」などに選出されている。

ＡＩは作家を復活させることができるのか？

栗原 聡（人工知能研究者）

聞き手：塚田有那、高橋ミレイ
文：菊池拓哉

ＡＩ美空ひばりをはじめ、ＡＩによって著名な作家やアーティスト固有の創造性を再現するプロジェクトが続々と発表されている。故・手塚治虫の作家性をＡＩに学習させ、新作マンガ『ぱいどん』を制作するプロジェクト「ＴＥＺＵＫＡ２０２０」の開発に携わった人工知能研究社の栗原聡に、ＡＩによる作家のクリエイティビティの復活と、その課題について尋ねた。

ＡＩが手塚治虫の「新作」に挑戦する

——まずは「ＴＥＺＵＫＡ２０２０」プロジェクトが始まった経緯についてお聞かせください。

栗原聡（以下、栗原）　きっかけはキオクシアという日本有数の半導体メーカーさんからのご提案でした。こちらの会社は、２０１９年に社名を東芝メモリからキオクシアへと変更されたのですが、それを契機に社名にも入っている「記憶」をテーマにしたプロジェクトをいくつか立ち上げたんです。

記憶、言い換えれば「データ」は、保存して終わりというわけではなく、蓄積したうえでどのようにして未来へ活かしていくのかが重要だろうと。そんな思いをキオクシアの方々は抱いていたようで、手塚プロダクションと共に何か新しいことができないかと検討したそうです。

その際に、「ＡＩを使ったら面白いものができるんじゃないか」というキオクシアからのご提案に手塚治虫のご遺族である手塚眞さんが応じたことで、眞さんにお声がけいただいたＡＩ研究者のわたしや松原仁先生（当時は公立はこだ

『ぱいどん　AIで挑む手塚治虫の世界』（講談社、2020）

て未来大学、現在は東京大学）がプロジェクトに加わることになりました。結果として生まれたのがマンガ『ぱいどん』です。

――手塚眞さんとは以前から面識があったのでしょうか？

栗原　２０１７年にＮＨＫ総合で放送された『アトム ザ・ビギニング』（制作：OLM、Production I.G、SIGNAL.MD）というアニメの制作時に、わたしと松原先生、そして東京大学の松尾豊先生、山川宏先生らと、ＡＩ研究者としてＡＩまわりの監修をお手伝いしたんです。眞さんとはそのときからのご縁で今回もお声がけいただきました。

――これまでもＡＩが手がけた絵画や楽曲といった創作物は世に出ていたものの、マンガのプロットをＡＩに生成させるというのは非常に意欲的な試みに思えます。栗原先生はなぜこのプロジェクトに参加しようと思われたのでしょうか。

栗原　ここ数年のＡＩ技術の能力向上は急加速していて、以前に比べるとかなりハイレベルなこともこなせるようになってきました。しかし、その結果として世間からは、実際の能力以上のことがＡＩにはできるのだと誤解されてしまっているとも感じています。そのような状況にあるなかで、このプロジェクトはＡＩの実際の技術をわかりやすく世間に知らせるチャンスになるのではないかと思ったのです。そして、効率化の追求ではなく、創造性の実現に対してＡＩを活用する取り組みに新たな可能性を感じました。

――世間の認識とＡＩの実態にはギャップがあるということですね。いまのＡＩが得意とするのはどんな作業なのでしょう？

栗原　ＡＩはインフォメーションテクノロジーの延長上にあるもので、繰り返しの作業や正確で複雑な計算など、わたしたち人間が苦手なことを得意としています。なので、今回のプロジェクトのように新たなマンガを生み出すというのは、ＡＩが本来得意とするところとは真逆ということになります。でも、あえてそのようなクリエイティブの分野、いうなれば人を楽しませることを目的としたプロジェクトにＡＩを活用することで、これまでにない活用法とその可能性を探ってみるのはなかなか面白いんじゃないか、と。そんな思いもあって、我々も参加させてもらうことにしたんです。

ディープラーニングは文脈が読めない

――「ＴＥＺＵＫＡ２０２０」では、ディープラーニング（＊１）ではなく、ＡＳＢＳ（Automatic Scenario Building System）（＊２）という独自のプロット自動生成技術を活用したと伺いました。これはどんなものなのでしょうか。

栗原　わたしたちが暮らす社会は、小説やマンガから映画、企業のプロモーションに至るまで、さまざまなコンテンツで溢れています。そして、それらすべてに「こういう場面なら、次はこうなるだろう」という物語展開の型を見ることができます。その型に則れば、それがＡＩの手によるものであれ、人の手によるものであれ、わたしたちが腑に落ちる物語を生成することができるわけです。そんないくつもの物語の型を抽出し、色々なプロット（粗筋）をつくれるようにした仕組みがＡＳＢＳです。

——ディープラーニングを使わなかったのはなぜですか？

栗原　ディープラーニングにたくさんの文章を学習させれば、人間が書いたものと遜色がないくらい流暢な文章を生成することは確かに可能です。しかし、ディープラーニングは文脈を読むことができないのです。たとえば、ひとつの長文を読んだときに、「この文章は何を言いたいのでしょうか」と問われても、ディープラーニングはそれに答えることができません。文脈を読むことが苦手であることから、ＡだからＢとなり、そしてＣとなる、というように物語の型に則った面白い展開のプロットを生成することも、やはりディープラーニングでは難しいのです。

——文脈が読めないというのは、文章の要旨をつかんで要約することができないということでしょうか？

栗原　そうです。文章の要約には二つあります。一つは、ある文章を読んだときにその文章に書かれている言葉をうまく使いながら無駄な部分をそぎ落として簡潔に表現するという要約。そして二つ目は、文章をコンパクトに言い換えるという要約です。ディープラーニングは、この二つ目の要約が苦手です。「東ロボくん」（＊3）というAIを使って東大に合格させようというプロジェクトも、この限界に突き当たってしまったことで、プロジェクトが終わってしまいました。ディープラーニングも相当に能力が上がってきているので、簡単な穴埋めや計算問題はできます。だからある程度の偏差値までの大学の入試では合格点を出せるレベルまで到達できたのですが、上位校の入試になるとAIが苦手とする文脈を読み解く問題が出てくるので、合格するのが難しくなります。

――大学入試問題にも、ディープラーニングに超えることのできない壁があったのですね。

＊1　多層構造のニューラルネットワークを用いた機械学習。十分な学習データがあれば人為的なプログラムを介さずとも自律的に学習をし、データ群のなかからその特徴を自動的に抽出できるのが特徴。
＊2　慶應義塾大学理工学部の栗原研究室と株式会社エッジワークスが共同開発したAIによるプロット自動生成技術。
＊3　2011年から国立情報学研究所を中心に進められていたプロジェクト「ロボットは東大に入れるか」で研究開発が進められていたAI。2021年度に東京大学に合格することを目標としていたが、文脈を理解するという壁を超えられず2016年にプロジェクトは凍結された。

栗原　実際にプロジェクトに参画された研究者からお聞きしたなかでとても興味深かった話として、ディープラーニングは世界史の問題なら解けるのに、日本史の問題では高得点を出しにくかった、というのがあります。これはなぜかというと、世界史というのは基本的に歴史的事実を穴埋めなどで出題する傾向が強いからです。つまり、多くの歴史的事実さえ学習すれば、ディープラーニングにもある程度は対応できる。しかし、日本史の問題に解答する場合は歴史上で何が起きたかということにプラスして、日本人であれば当然知っているであろう一般常識や暗黙知も必要となる傾向が強くなります。そうなると、膨大な一般常識までを学習できていない、つまりは「日本人」としての経験のすべてを学習できてはいないディープラーニングにはなかなか対応できなかった、ということのようなのです。

ディープラーニングは、過去のＡＩに比べればとんでもなく膨大な知識を学習できるレベルに到達しているものの、人が当たり前のように持つ常識や暗黙知を取り込む段階に至るまでにはもう少し時間がかかりそうです。

そしてもうひとつ、ディープラーニングの弱点として、人との相互作用ができないという問題もあります。こちらからデータを与えて、ＡＩが物語のプロットを吐き出した際に「ここが面白くないな」と思ったら普通は指摘して修正してもらいますよね。でも、そのやりとりがディープラーニングにはできないんです。

――そうなると、ディープラーニングによって一から完成度の高い物語を生み出すのは困難ですね。

栗原　ええ。そこでわたしたちは、ＡＩによって物語を完成させるのではなく、あくまでＡＩは人間の創作のサポートとして位置づけるほうが現実的だろうと考えました。そんな事情もあって、今回はディープラーニングではなく、ＡＳＢＳを使うことにしたわけです。今回のプロジェクトの目的はあくまで一般読者が読んで面白いと感じてもらえるマンガをつくることにあります。なので、「面白くはないけどいまの技術ならこんなものができます」という程度のクオリティでは失敗なんです。それだけ高い水準を求められるからこそ、達成するにはＡＳＢＳのほうがよいだろうという結論に至りました。

――これまでにない新作をつくるという課題に対してもディープラーニングは使えないのでしょうか？

栗原　結局ディープラーニングでは、取り込んだ文章から得られるもの以外のものは出てこないんです。ＡとＢという作品があったときに、ＡとＢをかけあわせるような作品をディープラーニングに出せるかというと、それは可能性があります。しかし、ＡとＢをかけあわせてＣという新たな作品を生み出せるかというと、それは難しいんです。これはキャラクターデザインにおいても同様で、キャラクターをＡＩに生成させる際に、手塚治虫作品の絵をひたすら学習させれば、手塚作品らしいキャラを生成することはできます。けれど、仮に人間の顔画像を学習させた場合、お茶の水博士のような特徴のある鼻は絶対にＡＩには生成できません。あの鼻こそが人間ならではの創造力が働いた結果なのですが、現時点のディープラーニングには生み出せないんです。そしてもう一点、ディープラーニングには「学習するがゆえの弱点」があります。

――学習するがゆえの弱点、ですか。

栗原　ええ。たとえば今回のプロジェクトで発表した『ぱいどん』という作品ではギリシャ神話に登場するセリフが出てきたり、日比谷公園という言葉が出てきたりと奇抜なかけあわせがいくつか登場しましたが、あのちぐはぐ感はディープラーニングでやっていたら出せなかったはずです。というのも、ディープラーニングは膨大な文章を学習することで、流暢な言葉の使い方を学習します。その高い学習能力こそがディープラーニングの特徴です。なので、「ギリシャ神話」が登場するのであれば、過去の作品から学習した自然な流れでギリシャ神話のような物語しか生成することができません。

AIのちぐはぐさが、人の創造力を引き出す

――つまり、ディープラーニングは悪い意味で逸脱や飛躍のないプロットを生成してしまうと。

栗原　そうです。今回ＡＳＢＳでプロットを生成してみたときに興味深かったのは、手塚眞さ

んたちクリエイターの方々が面白がったプロットは必ずしも筋道がしっかりと通ったものではなく、むしろ話としては飛躍があってちぐはぐなプロットのほうだったということです。ＡＳＢＳに１００程度のプロットを生成させた後で、わたしたちは筋の通ったプロットを上のほうに並べ、採用されるのが厳しそうなプロットは下のほうにして手塚さんたちに提案したんですね。後者は使い物にならないと思ったので。そうしたらむしろ、支離滅裂でちぐはぐなプロットをどうやって物語として成立させるかを考えるときにこそ、クリエイターにはさまざまなアイデアが浮かんできて、創造力が掻き立てられると手塚さんは言うんですね。これには本当に驚きました。

——ＡＳＢＳは空気を読まないからこそ、いい塩梅でクリエイティビティを喚起するプロットを生成できたわけですね。

栗原　ええ。重要なのはその塩梅で、最低限のストーリーの型に従ったうえで生成されたプロットだったので、人間の創造力をうまく引き出せたのでしょう。

——一方で、囲碁などの異分野ではＡＩが新たな手を生み出したことから「創造性を発揮した」ととらえる人もいます。先生はＡＩの創造性について、どうお考えですか？

栗原　囲碁ＡＩとＡＳＢＳはまったく別の話なので、まずはそこを説明しなければなりませんね。囲碁や将棋はゼロサムゲームといって、勝ち負けがはっきりとしており、ゲーム展開のすべてを見ることができますよね。一方で、「ＴＥＺＵＫＡ２０２０」プロジェクトのような創作の場合は、作品の良し悪しを決めるのはあくまで人間の感覚なので、必ずしも勝ち負けという正解がありません。この点が、囲碁ＡＩの研究とは決定的に違います。

そして、囲碁ＡＩは言ってしまえば電卓の延長線なので、ここに打ったらどのくらいの確率で勝てる、ということをひたすら計算しているだけなんです。もちろん、それができるようになったこと自体がすごいことではあるのですが。なので、仮に人間が想像もしないような手をＡＩが打ったとしても、それは創造性を発揮したわけでもなんでもなくて、ただ勝率の高い手を選び取ったにすぎません。人間には、美しいとされている手順や型がありますが、ＡＩにはそのような感性はありませんから、一見すると人には思いもよらない手を打ってしまうだけなんですね。それを人間が「創造的だ」と勝手に判断しただけであって、ＡＩは淡々と計算しているにすぎません。この点はＡＳＢＳも同様で、ＡＩは淡々と計算に則ってプロットを生成しただけなので、発想や創作は人間が担っていました。現状、ＡＩ自身は何も発想していないんです。

――そうなると、実際に作品ができたときに、それがいいか悪いかという判断も、当然人の手に委ねられたわけですね。具体的にどういった基準で判断されたのでしょうか？

栗原　これは単純に、手塚眞さんや手塚プロダクションの方々の反応をはじめとして、世に出たときのＳＮＳなどでの世間の反応を基準にするしかありません。でもわたしとしては、手塚治虫の作風の抽出はかなりできているかな、と思っています。今後、少し工夫は必要かもしれませんが、たとえばＡＩを使ってこの作品はどれくらい○○作家らしさがあるのか、といった判断をさせることもできるようになるはずです。このプロジェクトを通じて、人の創造性をどうやって掻き立てるかということや、テクノロジーを創造的な仕事に活かす可能性は垣間見えました。

故人がコンテンツ化してしまう時代の新たな倫理

――ＡＩ創作が普通に行われる時代になったとき、芸能人や著名なクリエイターは自分の死後にもデータを残そうと考えるかもしれません。その場合、どんなデータが残されていると良いと思いますか。

栗原　おそらく、人が残したいと思うのは作品そのものよりも、自分の行動に関するデータなのだと思います。最近では日常生活の多くの部分をライフログとして残せるようになってきましたし、ライフログのなかには、その人のものの考え方もふくまれているので、この先重要視されるんじゃないかなと思います。あとは、ＳＮＳの投稿、動画や音声も重要なデータとなるでしょう。

「ＴＥＺＵＫＡ２０２０」を進めていくうちにわかったのは、作家の作品から抽出できる情報のみを集めるのでは、作家の個性や作風を理解できないということでした。そのため、遺族である手塚眞さんにヒアリングをし、手塚治虫が生前にどのような発想の仕方をしていたのか、具体的なエピソードを教えてもらいました。

たとえば先ほどお話ししたお茶の水博士の鼻にしても、手塚治虫は当初は普通の人間の鼻として描いていたそうなんです。ところが、キャラとして誇張する過程で、ある瞬間にあの大きな鼻ができあがってくる。そうやって自分でやった何気ない試みが新たな発想を掻き立てたということを眞さんが教えてくださったのは、とても勉強になりました。

――作家が創作する過程のログが重要ということですね。

栗原　そうです。ＳＦ作家の長谷敏司さんに以前、「どういうふうにこんな奇想天外なＳＦ小説をつくるんですか」とお尋ねしたことがあります。そうしたら「色々とやり方があって、場合によっては頭から普通に考えていくんだ」と。でも、特にストーリーがあるわけではなくて、頭のなかにハイライトのシーンがまず浮かんで、そこに向けて前後の物語を肉付けしていくこともあるそうです。ハイライトよりも面白いシーンが出てくるのは困るので、ハイライトが絶対にハイライトになるように肉付けしていくのが難しいんだとも言っていました。作家によって、そういった創作の様式があることは確かなので、そのような部分から作家らしさを形づくっていく方法もあるだろうなと思います。

ただし、どのクリエイターの方々に話を聞いてみても、物語の種であるプロットを生み出すのがとても大変なんだとおっしゃるんですね。種さえあれば、そこから落語の三題噺のように話を組み立てていくことはできるんだと。であれば、ＡＩで種を量産できれば、という発想に行き着きまして、いま、わたしたちはＮＥＤＯ（国立研究開発法人　新エネルギー・産業技術総合開発機構）にて新たなプロジェクトとしてその部分の研究をさらに進めているところです。

――亡くなったクリエイターの「新作」をＡＩが容易に生み出せるようになったとき、わたしたちの死生観や倫理はどのように変化していくのでしょうか。

栗原　わたしたち人間は基本的に欲望を追求する生き物なので、テクノロジーが発達することの利便性が大きければ、あるいはより面白く刺激を受けることができるならば、それを求めてしまうのだと思います。

しかも、その要求レベルは質的にも量的にも上昇するのみです。いまやNetflixなどのサブスクリプション・メディアの制作予算は既存のテレビメディアとは桁が違うとも聞きますし、そうなればさらにコンテンツの質が向上し、選択肢が増えていくことは確実です。連載なかばで急逝してしまう作家やマンガ家の報道があるととてもショックを受けますが、テクノロジーを活用することで故人の作風を再現し、続編を生み出せるのだとすれば、それを求める欲求は必ず生じるでしょう。そして、そのような人間の欲を止めることはできないのだと思います。

――作家に限らず、俳優の演技などもその対象になり得そうですね。

栗原　作家性を再現するよりも、俳優の演技特徴を再現するほうがやりやすいかもしれません。特徴がはっきりしていて真似されやすい人ほど、ＡＩにとっても再現しやすいので。でも、こういった世間の欲求とは別に、もちろん我々生み出す側の倫理観も問われます。なので、亡くなったばかりの方の作品を再現するというのはなかなか難しいでしょうね。

――故人のデータの使用が商品化などの経済活動につながることを「死後労働」と呼ぶケースもあります。故人の尊厳はどこまで守られるべきだと思いますか？

栗原　夏目漱石や渋沢栄一のアンドロイドにしても、最近では亡くなった人を再現する試みが活発になってきています。これらは基本的にすべてご遺族の許可が下りたものしか実施されていません。なので、そういったプロジェクトを進めるうえでの実施の可否の基準は、遺族の意向しかないというのが現状です。

あとは、遺族がいない場合は、時間という側面も判断の基準にはなると思います。たとえば、聖徳太子やナポレオンといった歴史上の人物は世間でコミカルに描かれることもありますが、それに対して抗議する人はいないですよね。それはおそらく、ある程度時間が経過して、「この人物はもはやみんなが知っている歴史上の人物であるからいいだろう」という共通認識があるためでしょう。とはいえ、故人の個性が歪められてしまうのはＮＧなんだろうなとは思いますが。

「法人」ではなく「ＡＩ人」という法整備が必要になる

――故人の権利の問題もありますよね。

栗原　ええ、データの所有権の問題は当然ついてまわると思います。現在においては、人以外に、「法人」というものがありますよね。ＡＩ的な意味での人、つまり「ＡＩ人」という枠組みを法的に整備する必要もあるのではないかとわたしたちはよく議論しています。また、臓器提供カードのようなもので、「死後に自分のデータを利用してもいいですよ」という意思判断を生前にとっておくなど、そういう議論も今後は出てくるかもしれません。でも、絶対に忘れてはならないのは、故人を再現する以上、その故人のアイデンティティは尊重しなければならないということです。

――亡くなった人がもしも生きていたらどんな振る舞いをするのか、そうした配慮を外してはいけないということですね。

栗原　そうです。でも、以前手塚眞さんと議論したときに、「手塚治虫がいまも生きていたらどんなマンガを描いていただろうか」という議題に及んだことがあったんです。そのとき、わたしたちは「手塚治虫的な作風でいまも描き続けているんじゃないか」と意見を述べたのですが、眞さんは違いました。「もしかしたら、まったく違う画風でマンガを描いているかもしれないし、ＡＩを活用して描いているかもしれませんよ」と。そういった変化も当然あり得るのですが、ＡＩで再現する際にはそこを考慮してしまうと一貫性が出ないので、現時点ではあくまで生前のアイデンティティの一貫性を持たせるというのが必要になります。

――故人の作品を忠実に再現できるようになったとして、それをタブー視する人もいるのではないでしょうか。

栗原　そう思います。現在は色々な意味での過渡期なのだと思います。現在タブー視されている価値観が、永遠にそうであるという可能性のほうが低いと思います。すでに他界された手塚治虫と現在を生きる尾田栄一郎が同じ時代に生きていて、合作したらどのような作品を生み出すのだろう、と我々は想像することができて、将来のＡＩがそれを具現化できるとしたらどうでしょう。読んでみたいと思うはずです。この問題は、すぐに結論がでることではありませんし、今後社会がどう変化していくかによるでしょうね。

AI美空ひばりは何が問題だったのか

――タブーという視点で例を挙げると、2019年末のNHK紅白歌合戦では、AIで美空ひばりの歌を再現して歌わせるという試みがされました。この放送を見た視聴者からは、少なからず批判的な意見も出ましたが、それはなぜだと思いますか？

栗原　AI美空ひばりのポイントは、歌だけでなく、CGによる美空ひばりの映像と「語り」がセットになっていた点です。そしてわたしが思うに、一番の問題点はCGにあったと思います。AIでつくった歌声はとても完成度が高く、単に過去の美空ひばりの映像をバックにして放送していたとしたら、あれほど問題にはならなかったはずです。しかし、NHKはディープラーニングで生成したわけでもない、正直、かなり違和感のあるCGをつくってそれに歌わせてしまった。そのことが世間の人々が「不気味さ」を感じた原因だったのではと思います。語りの部分も指摘されるところですが、我々にとって視覚情報の影響は大きく、CGが主たる原因だったのだと思います。

――CGがいわゆる「不気味の谷」（＊4）を生じさせてしまったということでしょうか？

栗原　はい。では、なぜわたしたちがあのＣＧに不気味さや違和感を覚えたのかというと、ここには我々ホモサピエンスの本能の問題が関わってきます。ホモサピエンスが地球に誕生してから約20万年が経過していますが、誕生から現在に至るまで、わたしたちの脳や体の構造は変化していません。我々の先祖は、食うか食われるかの淘汰の世界で生きてきたわけで、機械や車が開発されるまでは「動くもの」と言えば動物しかいなかった。そしてその動物は、自分にとって敵か味方か、どちらかです。つまり、わたしたちホモサピエンスは、目の前に動くものが現れると本能的に警戒心を働かせるようにできているんです。しかもその警戒心は、有機体を感じさせるものであるほど強くなります。十分につくりこんでいないＣＧでそれをやってしまったＡＩ美空ひばりは、わたしたちの本能的な警戒心に触れてしまう中途半端な有機体らしさを感じさせるものだったのでしょう。

——その「不気味さ」もふくめて、故人をコンテンツとして再現することの難しさを感じてしまいますね。

栗原　これは単なる技術の問題だけではなく、テクノロジーの進化に伴う我々のものの見方や考え方など、社会全体としてのとらえ方の変化によるところが大きいと思います。そして、この問題は故人だけにとどまりません。これから先は、生きている人間の記憶や意識をサイバー空間に移す「マインドアップロード」の技術も発展していくはずです。そうなると、マインドアップロードしたサイバー空間上で目覚めたその人は、果たして本当にその人なのか、という問題が生じます。
その際に、昨日の記憶が残っているかどうかといった、「意識の連続性」の有無が本人かどうかを判断する基準となるかもしれません。そうなれば肉体は機械に置き換わっていても、意識が連続した状態でマインドアップロードされていればその人は生きているということになるのかもしれません。さらに、引き続き肉体のほうも存在するとなると、二つの意識が生まれることになりそれは問題である、という議論も生まれると思います。そして、何より人の死生観が大きく変わっていく可能性がありますよね。私見としては、将来において物理的な身体性から解放されるマインドアップロードの世界のほうを人類は求める可能性が高いのではないかと思っています。

――誰もがマインドアップロードできる時代が来るということですか?

栗原　いえ、ここが重要なのですが、誰もがというわけではなく、マインドアップロードを選択できるのは富裕層に限られるでしょう。この議論は、ユヴァル・ノア・ハラリ氏の著書『ホモ・デウス テクノロジーとサピエンスの未来』(＊5)でもされていますね。従来の肉体で生きる人と、早々にマインドアップロードをしてサイバー世界で生きる人とで格差が生じるのです。この場合、アップロード側はいわば新人類の世界です。

＊4　ロボットなどの立体像やCGなどの平面図など人工物の造形や動作を人間の姿に近づけていくと、写実の精度がかなり高い段階に到達した時点で、それを見た人間が強い違和感や嫌悪感、薄気味の悪さを覚える現象。

――日本は国民皆保険の社会ですが、国によっては経済的な格差によって適切な医療が受けられずに亡くなる人もいますし、すでに経済による生存の格差は生じています。それと似たことが起きるということですね？

栗原　はい。ちょっと残念に思われるかもしれませんが、わたしはそう思います。いや、それ以上の格差になる可能性すらあると思います。現在は義足やペースメーカーなど、障害のある方を補うためにテクノロジーが使われていますが、これからは健常者が自分をアップデートするためにもテクノロジーを使う時代が来るのだと思います。そうなれば、前者は社会保障の対象になりますが、後者はそうではなく、どんどんお金をかけてもいいわけなので格差は広がっていきます。そうなったときに、どういう社会設計にして、平等を担保するのか。それがこれから先の人類の課題になるのだろうと思います。よく言うのですが、まさに人類が試されるときが来ているのだと思います。

「ＴＥＺＵＫＡ２０２０」のようなプロジェクトに対する世間の反応が今後どう変化していくのか、それは現時点では小さな反応かもしれません。しかし、この小さな反応がゆくゆくは、これから先の人類がどのような死生観をもって生きていくのかに関わるほどの大きな反応に至るのだと思います。

＊5　ユヴァル・ノア・ハラリ『ホモ・デウス　テクノロジーとサピエンスの未来』（河出書房新社、２０１８）

（くりはら・さとし）慶應義塾大学大学院理工学研究科修了。NTT基礎研究所、大阪大学産業科学研究所、電気通信大学大学院情報理工学研究科などを経て、2018年から慶應義塾大学理工学部教授。2021年から同大学共生知能創発社会研究センター・センター長。博士（工学）。電気通信大学人工知能先端研究センター特任教授、大阪大学産業科学研究所招聘教授、人工知能学会倫理委員会アドバイザーなどを兼任。人工知能学会理事・編集長などを歴任。人工知能、複雑ネットワーク科学などの研究に従事。

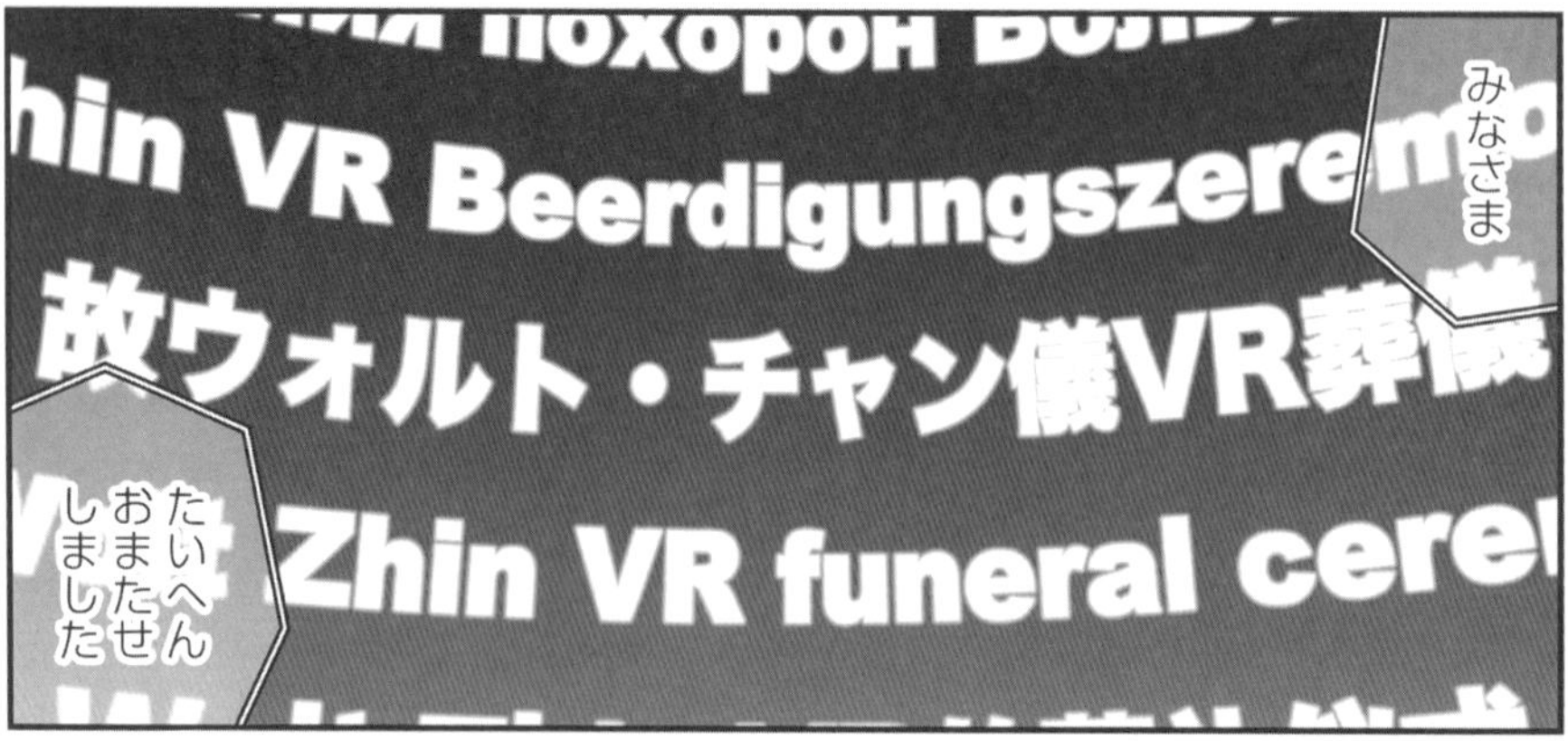

ようこそ! わたしの葬儀へ!

うめ
小沢高広・妹尾朝子

私が愛し
私を慕ってくれたみなさん
私は今まであらゆるものをアップデートしてきた
その私が最後に行うのが
そう
葬儀のアップデートだ
宗教と関係しない葬儀はありえるでしょうか?
n=290
80%
60%
40%
20%
0%
5.2%
4.1%
4.5%
10.7%
75.5%
ありえない
どちらかといえばありえない
どちらともいえない
どちらかといえばありえる
ありえる

世界的IT企業ビルズCEOウォルト・チャン

自動運転車の事故により死亡

ウォルト残念だよ
私より先に逝ってしまうなんて…
150歳くらいまでは生きてやろうと思ってたんだけどね
何歳まで生きたいですか？
n=1000
300
200
100
0
(人)
0
26
29
38
58
136
305
238
145
5
13
7
1-20
21-30
31-40
41-50
51-60
61-70
71-80
81-90
91-100
101-110
111-120
120-
(歳)
やすらかに
ありがとう
奇妙な感覚だよ
こうして話していると君がその…亡くなってると思えない
すばらしい技術だウォルト
とても悲しいけれど
またあなたと話せて本当によかった
弊社の新サービスとして
リリースの準備をしていたんだ
まさか自分がその第一号になるとは思ってなかったけどね
もし死者とVR上などで会えるとしたら会いたいですか？
n=290
30%
20%
10%
0%
27.2%
6.9%
25.9%
24.8%
15.2%
会いたい
会うべきではない
会いたくない
その時までわからない
その他

あなたも
もしもの際は
ぜひご利用を
その憎まれ口も
聞けなくなると
思うと寂しいよ
ウォルト
ワールド
M16から
SM22まで
開放
入場を
友人の友人の
友人まで許可
しろ
やすらか
に
長生き
してくれ
アクセス数
5億人突破
やあ
ウォルト
ようやく
君のアポが
取れた
よく来て
くれたね
はじめまして
ウォルト
来ちゃって
よかった
かしら
もちろん
です
マダム
前回の
アプデは
最悪でしたね
やぁ
手厳しい
お会いできて
光栄です
ウォルト
ぼく
あなたの
ファンで
ありが
とう
私の舞台
見に来て
欲しかったわ
私も
残念だよ
ウォルト
ウォルトが
いない
世界なんて
あとは
頼むよ
私もだ
ウォルト
愛してる
ウォルト
やすらかに
ウォルト
ウォルト

社長
おつかれさまでした
ぼくはもう社長じゃない
今の社長は君だ
おかけで株価も爆上がり
新サービスのスタートとして出足は上々です
このまま会社を経営していけるのでは？
過去の偉人の知性や人格をAIで復活させて国を統治できるとしたら、賛成ですか？
n=290
80%
60%
40%
20%
0%
63.4%
13.8%
10.7%
6.6%
5.5%
反対
どちらかといえば反対
どちらともいえない
どちらかといえば賛成
賛成
どんな名君も墓の下にいるから讃えられるんだよ
僕にできるのはここまでだ
おや
もう葬儀は終わりかい？
！

ルームゼロにアンノウン!
どうやって入った?
ゲートは閉じてるはずだぞ!
勝手に入って悪かったね
今日は君に
これを返しに来た
ずっと気になってたんだ
ファサ
借りっぱなしでさ
ワッツ・スミス!
創立メンバーの一人です!
20年前にウォルトの方針と合わず辞めています
いやまておかしいぞ
ワッツはもう10年前に…
あぁ
なつかしいな

君といく晩も
語り明かした
日々がさ

きっ
消え…
ザワッ
死者はすぐそばにいると思いますか？
n=284
50%
25%
0%
30.3%
13.7%
18.0%
21.1%
16.9%
いる
どちらかといえばいる
どちらともいえない
どちらかといえばいない
いない
た…？
ぞぞ〜〜っ

ようこそ！わたしの葬儀へ！

うめ　小沢高広・妹尾朝子

シナリオ担当・小沢高広、作画担当・妹尾朝子からなる二人組漫画家。代表作は『東京トイボックス』シリーズ、『スティーブズ』（原作・松永肇一）など。現在、eスポーツを題材とした『東京トイボクシーズ』、育児ハック漫画『ニブンノイクジ』などを連載。他にも、小沢は『劇場版マジンガーZ／Infinity』の脚本、コミック工学分野での研究協力、妹尾は「団地団」のメンバーとして多くのトークイベントの出演するなど、個人での活動も多い。

＊『ようこそ！わたしの葬儀へ！』内で使用したグラフは、HITE-Mediaが独自に行ったアンケート調査をもとにしています。
https://hite-media.jp/journal/596/

4章

死後のアイデンティティと権利

個人データは誰のものか？

SNSをはじめとするさまざまな個人データは、いまやネット空間に散在している。日々ネットに接続するわたしたちが死を迎える頃には、無形の「デジタル遺品」が世に残ることになるだろう。そのとき、死者の権利はどう担保されうるのか。そしてバーチャル空間に存在する「他者」の存在感は、どのように変わっていくのか。各識者の視点から死後の権利やアイデンティティを分析する。

遺されるデータとアイデンティティ

折田明子（情報社会学者）

自分や家族の死後、ＳＮＳやサービスのアカウントや個人データは、一体どうなってしまうのだろうか。また、Twitterなどの「裏アカ」をはじめ、オンラインでいくつかアイデンティティを使い分けていた場合、それらは死後統合されるのか、または誰がそれを管理するのだろうか。死後のプライバシーやオンライン・アイデンティティを研究する情報社会学者の折田明子が語る。

デジタル・遺品

「今日はAさんの誕生日です」

開いたSNSの画面に、友達の誕生日を知らせる通知が来ていた。ああ、そういえば今日だった。プロフィールに飛ぶと、新たな年齢が表示される。生きていれば、の年齢。

彼が亡くなってから何年経ったか、実は正確に覚えていない。そのまま残されたSNSは、毎年誕生日を知らせてくる。人の死後も、インターネット上にはそのデータが残り続け、その死がサービス側に報告されてしかるべき措置が取られない限りは、「生き続ける」。本人が二度と更新することないタイムラインには、時折、友人たちが語りかける言葉が並ぶ。残された投稿や写真は色あせることはないが、タイムスタンプは当時のままで、現在との差がひらくばかりだ。

故人が残したサイトによってその死を悼む動きは、すでに2000年代から見られていた。たとえば、故人の個人ウェブサイトをリンク集として別のサイト上に集めた「サイバー記念碑」(Cyber Memorials)や「バーチャル墓地」(Virtual Cemeteries)では、サイトの訪問者が電子掲示板に故人へのコメントを書き込めるようになっていた。いずれも、訪問者同士のやりとりよりも、故人への呼びかけが主であったという(1)。FacebookとInstagramでは、死後のアカウントを「追悼アカウント」として保存する選択肢がある。Facebookでは、プロフィールの名前の横に「追悼」と表示され、Instagramでは外見上の違いはないが、「いいね!」をふくめページの変更は一切できない。追悼アカウントでは生前のプライバシー設定に応じて写真や投稿が表示される。

なおFacebookの追悼アカウントは、2007年4月のバージニア工科大学で発生した33名が死亡する銃乱射事件の後、その犠牲者となった故人のアカウントを無期限に残したいというリクエストが殺到したために整備された。それまでは、利用者の死後30日でアカウントは削除されていた(2)。

故人のデータを残し閲覧することについては、遺族にとって悲しみの受容を助け、伝統的な葬式に代わるものになるという見方と(3)、残されたサイトに長期にわたって故人へのコメントが投稿され続けることが、苦痛をもたらし続けるという見方がある(4)。時には意識的に切り離すことの必要性も指摘されてきた。

故人が残した写真や日記、手紙、蔵書といったさまざまなものは、形見として家族や子孫に残されたり、あるいは博物館の史料として研究者や一般の人の目に触れたりしてきた。すべての世代の人々が幅広くインターネットを利用し、自分の情報を共有し、コミュニケーションを取り合う現状において、個人が死後に残すものは、形がある「モノ」に限られなくなり、個人が死後残したデータは、「デジタル遺品」や「デジタル遺産」と呼ばれるようになった。

2020年1月28日、衆議院財務金融委員会にて日本維新の会の串田誠一議員が「デジタル遺品」について質問した。金融庁による答弁では、デジタル遺品を「一般的には持ち主の方がお亡くなりになって遺品となったＰＣやスマートフォンなどのデジタル機器に保存されたデータや、インターネット上の登録情報などを指すものと承知しています」（動画より筆者文字起こし）とした(5)。

長年にわたり、インターネットと故人の関係を追い続けてきたジャーナリスト・古田雄介氏（デジタル遺品を考える会代表）は、デジタル遺品を「デジタル環境を通してしか実態がつかめない遺品」と定義し、三つに分類した。デジタルデータが収納されている機器（家タイプ）、スマートフォンやＰＣ、メモリーカードなどに保存されたデータ（家の中タイプ）、インターネットに存在するデータやアカウント（家の外タイプ）だ(6)。

残された人たちが、これらのデータをどう扱うか。スマートフォンのロックが解除できなかったり、パソコンで思いがけないデータを見つけてしまったりすることもあるだろう。特に「家の外タイプ」のデータは残したい、形見にしたいと思っても、困難が発生する。サービスの規約によって相続を可能とするものと一身専属的なものとして相続を否定するものがあり、後者の場合には自由なアクセスや閲覧が難しい。たとえば電子書籍の場合、２０２１年時点の日本で閲覧できるものでは、故人の死後に遺族がサービスを受け継ぎ引き続き利用できるものはない(7)。

一方、いわゆる巨大プラットフォーム企業では、生前にあらかじめデータの処理やそれを任せる相手を指定できるサービスを導入しつつある。Googleは２０１３年４月にアカウント無効化管理ツール（Inactive Account Manager）の提供を開始した。一定期間ログインがなければメールが送られ、それに応答がなければ、あらかじめ設定した相手にデータのアクセス権を渡したり、データを削除したりすることを設定できる。Facebookは２０１５年2月に、生前に追悼アカウント管理人（Legacy Contact）を設定し、ユーザの死後に追悼アカウントを管理したり削除をリクエストしたりすることを依頼できるようにした。また、Appleは２０２１年6月のWWDC（Worldwide Developers Conference）にて、ユーザの死後にiCloudのデータにアクセスする管理者を指定できるデジタル遺産プログラム（Digital Legacy Program）を発表した(8)。

なお、生前に準備ができなかったとしても、死後届け出ることでアカウントを削除したり追悼モードにしたりといったことができるサービスもある。Instagramでは、故人のアカウントを追悼アカウントに変更できるほか、近親者であることが証明できればアカウントの削除をリクエストできる(9)。Twitterには現時点で追悼アカウントの設定はできないが、遺産管理人や故人の家族であればアカウントの削除の依頼が可能である(10)。

このように、残されたデジタル遺品をどう扱うかは、民間レベルでは整いつつあり、利用者が意識して設定することができる。だが……筆者は実際に自分のアカウントの設定を始めてから、手が止まってしまった。

――わたしが決めていいんだろうか？

消したいけど、残してほしい

自分の死後、あるいは親しい人の死後に残されたデータをどうしたいのか。筆者は２０１８年に、大学生60名を対象に調査を実施し、そのなかで自分の死後と家族や友人の死後それぞれにおいて、データの種類ごとにどうしてほしいのかを聞いた(11)。その結果を示したのが、次の図１と図２のグラフだ（次頁を参照）。図１では写真やＰＣ、スマートフォンのデータについて、図２ではＬＩＮＥの記録とTwitter・Instagramのアカウントについて比べたものだ。ＰＣ、スマホいずれにおいても、自分のデータであれば「削除したい」という回答は「残しておきたい」を大幅に上回っており、家族のデータはその真逆の傾向を示していた。写真データは、いずれも残す、あるいは任せるという結果となった。家族のデータであれば残したいという要望が71・４％と多数であり、自分のデータであっても６割の回答者は遺族に任せるとした。他者とのつながりや、やりとりが残るＳＮＳではどうか。回答者の51・３％がＳＮＳの削除を望む一方で、家族とのＬＩＮＥの記録は残しておきたいという割合は37・５％に上った。

この調査の回答者は10代から20代の大学生であり、自分自身の死はまだ身近ではない年齢だ。全般的には家族や友人のデータは残したいが、自分のものについては削除したいという、相反する傾向が見えた。また、いまは判断できないという回答は、家族の死を想定した場合のほうが多かった。

このように、自分が故人となった場合、自分が残された場合とでは、削除するか残すかといった意向が違う、ということが起こりうる。自分の死後、遺族にデータの扱いを委ねるのであれば、遺族の意思通り「残す」可能性が高くなるかもしれず、しかしそれが故人の生前の意思と一致するとは限らない。

図1　PC／スマホデータと写真を死後どうしたいか

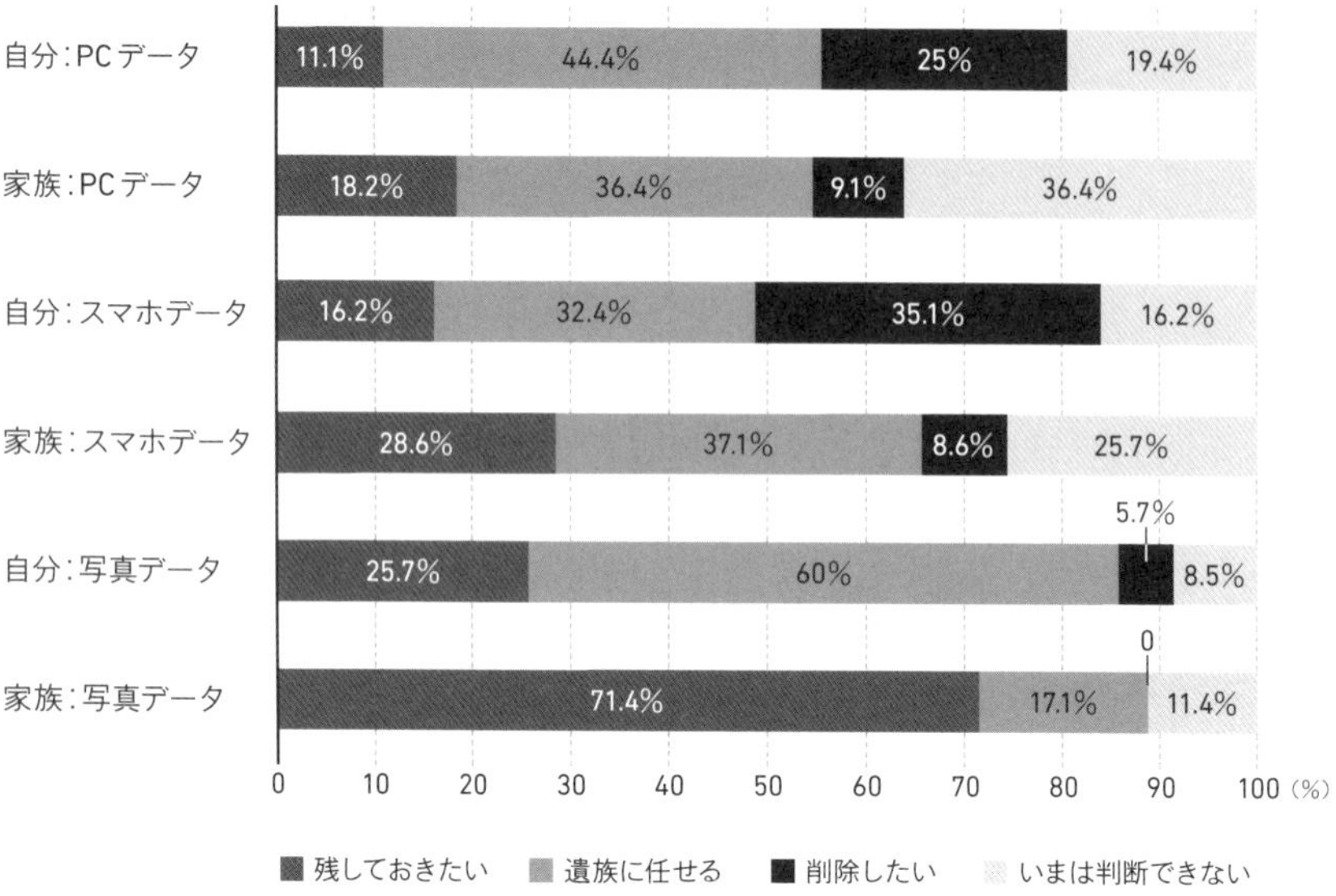

図2　SNSやLINEのデータを死後どうしたいか

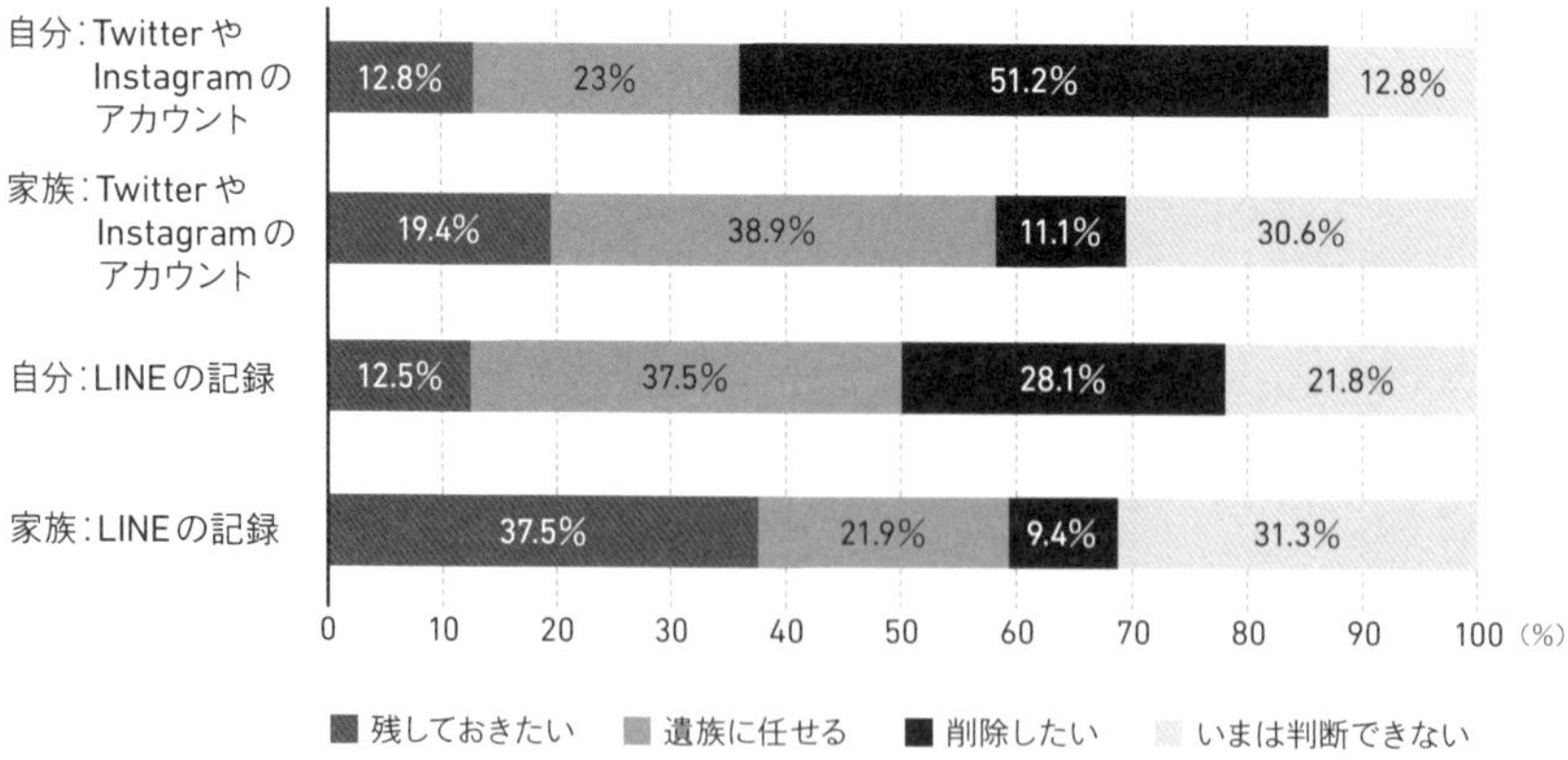

（出典[11]をもとに作成）

死後のデータの扱いでは、誰の意向を最も優先すべきなのだろうか。特に、生存する「友達」との関係性が保たれたままとなるSNSは、その友達との関係性も無視できないだろう。

リアルとSNSとアイデンティティ、そして裏アカウント

死後、そのデータやアカウントの所在を遺族が把握しているという前提で、ここまで書いてきた。では、「死後すべてのアカウントやデータを明らかにしてよいですね？」と問われたら？筆者の場合は「やめてくれー！」だ。

家族に見せたくない、仕事関係者に見せたくない、あるいは友人にだけは見せたいなど、相手や内容、文脈によって見せる・見せられないものは違うし、多くの人は普段からそれを意識してサービスを使い分けているのではないだろうか。

インターネットが使われ始めた頃から、利用者は自分の好きな名前を名乗ってきた。互いの姿が見えない視覚的匿名性があるために、自分と異なる性別や年齢を思わせる名前を名乗ることもできたし、複数のサービスで同じ名前にしたり違う名前にしたりといった使い分けも可能だ。他者とつながり合うコミュニケーションをはかるSNSでは、自分がつながる相手によって、発信するコンテンツを使い分けることができる。単一のアカウントのみ取得できるFacebookでは、投稿の公開範囲を細かく設定することができるし、TwitterやInstagramでは複数のアカウントを取得し使い分けることができる。SNS上では、社会的な抑制から外れよ

うとすること、見栄を張ろうとすること、プライバシーへの懸念、新たな社会関係にアクセスするといったさまざまな理由から、自分のアイデンティティが再構成される(12)。

筆者も、複数のＳＮＳアカウントを使い分けている。Twitterでは、実名のアカウントに加え、まったく実名を類推できない名前をつけた「裏」アカウントを数個使っている。そのアカウントでのフォロー関係にある人たちとやりとりは続いているし、自分のアイデンティティの一部である「裏」アカウントを「やましい」ものとはとらえていない。ただ、実名にひもづけられ、勤務先や職業や関係者につながっていくものとは切り離しておきたいということだ。

死後、これらはどうなるのか。全部まとめて「実はこんなアカウントも使っていました！」とひもづけられてしまうのか……。こうした死後のアイデンティティの使い分けについては、死後の自分への評判という観点からの議論がある。生前にメッセージを記録できるサービスを使うことによって、ある程度は死後の自分の評判をコントロールできるものの、本人が意図していた文脈を逸脱してしまうことがあり、それは、故人のプライバシー（Post-Mortem Privacy）の侵害になると、Buitelaarは指摘する(13)。そもそも、死後にプライバシーはあり得るのか。Harbinjaは、死後のプライバシーは個人の自律性（autonomy）の問題であり、死後も継続すると指摘したが、現時点においてこれらは個人情報やプライバシー保護の法制度で明確に守られているわけではない(14)。

日常的に使っているＳＮＳのメインアカウントとサブアカウント、それぞれをどのように扱いたいか。筆者は２０２０年にウェブモニター３７２名を対象に調査を行った(15)。TwitterとInstagramのメイン・サブアカウントそれぞれにおいて、いずれも6割程度が「削除したい」、

表　アカウント削除について（出典[15]をもとに作成）

順位	削除を頼みたい		削除を頼みたくない	
1	パートナー（配偶者・恋人）	23.6%	頼みたくない人はいない	35.5%
2	子	22.3%	親	16.1%
3	専用のサービス	16.1%	近所の人	12.1%
4	友人	13.6%	ネットのみの友人	10.7%
5	誰にも頼みたくない	13.2%	パートナー（配偶者・恋人）	6.6%

3割程度が「そのまま放置したい」と回答したが、Twitterのサブアカウントのみ「誰かに引き継ぎたい」（4・2％）という回答がみられた。アカウントを削除したければ、誰かに頼まねばならず、そうでなければそのまま放置され続ける。アカウントの削除を頼みたい相手と頼みたくない相手は、表1の通りであり、一般の相続で想定されるパートナーや子が上位に挙がっている。ただ、年齢による違いはあり、頼みたい相手は20代後半では最多がパートナー（41・4％）であるのに対し、60代以上では子（44・8％）であった。頼みたくない相手では、20代では半数が親としており、40代以上では頼みたくない相手はいないという回答が4割〜5割と年齢が高くなるほど増えていた。

では、その相手にサブアカウントの存在はどの程度認識されているのか。パートナーにサブアカウントの存在を知られている割合は、Twitterでは8・3％、Instagramで13・9％であり、子であればTwitter 4・2％、Instagram 8・3％に留まった。

メインとサブアカウントの処理を同じ人に頼むということは、本来は見せることを意図していなかった相手に、見られるということでもある。また、故人はそれを了解していたとしても、SNSでフォロー関係にある人たちのプライバシーへの懸念は残る。

死後もプライバシーを尊重するのであれば、メインのアカウントと、サブ（裏）アカウントでは、それぞれ誰に委託し、残すのかまたは消すのかを考える必要があるだろう。

手続きにおける課題

実名によるアカウントや、家族が把握しているメインアカウント以外のアカウントやデータは、どのように死後の手続きを進めればよいのだろうか。死亡時に本人確認をどのようにするか。また、死後も本人が意図したアイデンティティの使い分けを侵害せず尊重できるか。生きているときであれば本人による対処もできるが、死後であれば当人であることの確認したうえで、生きている誰かにそれを託さなければならない。

家族に知らせていなかったアカウントを、死後は削除したいとしたら、そのアカウントを実名（死亡証明ができる名前）にひもづけ、さらに家族が処理をできるようにしなければならない。

実名の利用を求めているFacebookであっても、ファーストネームとラストネームで構成されない名前やNon-Westernな名前が登録できなかったり、またトランスジェンダーであるなどの理由から出生時の法律上の氏名とは違う名前を、実名として登録していたりする人もいる。こうした場合も手続きにおいて法律上の名前が記載された証明が必要だ(16)。なお、Facebookでは別名を併記することができるが、筆者が２０１７年に実施した調査では、結婚前後の姓を使い分けている人は、戸籍上の現姓と旧姓を併記するよりも旧姓のみを記載するほうが多数であった(17)。このように利用者本人にとっての「実名」と、法律上の名前は、必ずしも一致しない。

ひとつの案として、「人間という生き物」としての死と、「インターネット上」での死を必ずしも同一としない、ということを提案したい。前述したGoogleのアカウント無効化管理ツールは、不慮の事態によってGoogleのサービスが使われず、かつ反応がないという条件において削除や権限委譲を実行する。仮に「生き物」として生きていたとしても、「インターネット上」で「アクティビティがなくなった」ことをもってデータの処理を進めるということだ。意識不明の状態が長く続いたり、認知症などの病気によってアクセスができなくなったりといった状況も、これにふくまれる。現状のように、法律上の氏名が記載された証明書を提出しなくとも、また、誰かに委託しづらい裏アカウントであっても、放置されることなく処理が進むこととなる。

あらかじめ設定しておかなかったアカウントの処理は、どのようになされるか。Yahoo! JAPANでは、2020年2月より、長期間(4年以上)利用されていないIDの利用措置を実施している(18)。Googleは、2021年6月1日発効のストレージポリシーにて、Gmail、DriveおよびPhotoのコンテンツが2年間利用されなかった場合、事前の通知のうえで削除する場合がある、とした(19)。ただ、これでは多くのデータが消失してしまうだろう。

まだ実用段階ではないが、理化学研究所・革新知能統合研究センターの中川裕志チームリーダーは生前に蓄積された個人データの利活用条件を学習し、死後に残されたデータの処置を行うパーソナルＡＩ（ＰＡＩ）エージェントの可能性を提唱している(20)。これにより、生前のアイデンティティの使い分け、文脈に応じた公開範囲の使い分けや同意、非同意といったことを、死後のデータにおいて反映させることに大きな可能性が見える。ただ、ＰＡＩエージェントへの権限委譲と法的な責任が課題となる。

１００年後に残すもの

１００年前のパンデミックであるスペイン風邪について、当時の日常を撮影した白黒写真や、当時残された日記やメモを目にする機会があった。なかでも印象的だったのは、Twitterに投稿された、マスクを着用して通学する女学生たちの、カラー化された写真だった。投稿者の渡邉英徳・東京大学教授は、「２０２１年のわたしたちの『日常』に対して、１００年後の人々が抱く印象を知りたいです」と綴った(21)。２０２１年の技術により、写真は彩色されてよりリアルに、現在の我々につながるものと感じられる。撮影された当時は、まさか１００年後にこのように、カラー化され広く共有されるとは誰も予想し得なかっただろう。

新型コロナウイルス感染症の拡大に伴い、多くの感情がインターネット上に吐き出されている。これらの一つひとつの投稿は、本人が削除したいと望んだり、前述したように利用されないアカウントが削除されるようになったりすれば、投稿者が死亡した際には削除されていく可能性が高い。デジタルデータになった手紙や日記や写真は、１００年後に残っているだろうか。

ごく個人的なつぶやきや、日常的な写真の断片であっても、１００年後の人々はそこからさまざまなものを再構成し、何かを読み取るかもしれない。故人の個人的なデータは、歴史的な価値を持つ史料になる可能性があるのだ。直近の出来事については故人だけでなく、生存する関係者のプライバシーを守らねばならないし、削除したいという遺志は尊重すべきではある。しかし、たとえば著作権に倣って、ある程度の年数は故人のデータにアクセスできない状態でアーカイブし、その期限が切れた際には閲覧ができるといったことを考えられないだろうか。個人のレベルで残したい、消したいということと、１００年後に向けて史料を残していくことをどのように両立するか。新たな枠組みを考えていく必要がある。

（おりた・あきこ）関東学院大学 人間共生学部 コミュニケーション学科 准教授。2007年慶應義塾 大学大学院政策・メディア研究科後期博士課程単位取得退学、博士（政策・メディア）取得。中央大学ビジネススクール助教、米国ケネソー州立大学客員講師、慶應義塾大学大学院特任講師などを経て現職。オンライン・アイデンティティ、プライバシー、情報リテラシー教育などをキーワードに研究を進める。

＊本稿の内容は、科研費・基盤C「ソーシャルメディアにおける死者のデータとプライバシーの検討」（16K00468）および科研費・基盤B「情報ネットワーク社会における『死』の再定義」（19H04426）の研究成果にもとづいている。

後注・出典

1 Roberts, P., and Vidal, L. Perpetual care in cyberspace: A portrait of memorials. OMEGA: The Journal of Death and Dying 40(4): 57-76. 2000

2 McEwen, R., & Scheaffer, K. Virtual mourning and memory construction on facebook: Here are the terms of use. Proceedings of the ASIST Annual Meeting (Vol. 50). 2013

3 Getty, E., Cobb, J., Gabeler, M., Nelson, C., Weng, E., & Hancock, J. T. . I said your name in an empty room: grieving and continuing bonds on facebook. In 2011 annual conference on Human factors in computing systems,2011

4 Brubaker, J.R., Kivran-Swaine,F. Taber,L. and Hayes,G.R. . Grief-Stricken in a Crowd:The Language of Bereavement and Distress in Social Media,2011

5 衆議院インターネット審議中継　ビデオライブラリ　２０２０年１月28日（火）財務金融委員会 串田誠一（日本維新の会）https://www.shugiintv.go.jp/jp/index.php?ex=VL&deli_id=49719&media_type=

6 古田雄介『スマホの中身も「遺品」です：デジタル相続入門』（中公新書ラクレ、２０２０）

7 折田明子（２０２１）「誰一人取り残されないデジタル社会における死後のデータの課題（情報処理学会研究報告 電子化知的財産・社会基盤（ＥＩＰ）」2021-EIP-92(2)1-5

8 WWDC 2021- June 7 | Apple https://www.youtube.com/watch?v=0TD96VTf0Xs

9 Instagram ヘルプセンター　https://www.facebook.com/help/instagram/264154560391256

10 Twitter ヘルプセンター「亡くなられた利用者のアカウントについてのご連絡方法」https://help.twitter.com/ja/managing-your-account/contact-twitter-about-a-deceased-family-members-account

11 折田明子、湯淺墾道「死後のデータを残すか消すか？：追悼とプライバシーに関する一考察」『情報処理学会論文誌』Vol.61, No.4, pp.1023-1029. 2020

12 Hu, C., Zhao, L., and Huang, J. . "Exploring Online Identity Re- Construction in Social Network Communities: A Qualitative Study Exploring Online Identity Re-Construction in Social Network Communities: A Qualitative Study," PACIS 2014 Proceedings.2014

13 Buitelaar, J. C. "Post-Mortem Privacy and Informational Self-Determination," Ethics and Information Technology (19:2), Springer Netherlands, pp. 129–142. 2-17

14 Edina Harbinja (2017) Post-mortem privacy 2.0: theory, law, and technology, International Review of Law, Computers & Technology, 31:1, 26-42

15 折田明子（２０２１）ＳＮＳアカウントを死後誰に任せるか(情報処理学会研究報告電子化知的財産・社会基盤（ＥＩＰ),2021-EIP-91(2)1-5

16 Oliver L. Haimson and Anna Lauren Hoffmann.. Constructing and enforcing "authentic" identity online: Facebook, real names, and non-normative identities. First Monday 21, 6. 2016 http://journals.uic.edu/ojs/index.php/fm/article/view/6791/5521

17 Orita, A. What is your "formal" name?: situational usage of surnames in Japanese social life. GenderIT '18 Proceedings of the 4th Conference on Gender & IT pp.161-163 2018

18 Yahoo! JAPAN セキュリティセンター〝長期間ご利用がないYahoo! JAPAN IDの利用を停止します〟2020.1.8 https://security.yahoo.co.jp/news/0013.html

19 Google One ヘルプ〝Googleアカウントアクティビティについて〟https://support.google.com/googleone/answer/10214036

20 中川裕志「ディジタル遺産のパーソナルＡＩエージェントへの委任研究報告電子化知的財産・社会基盤（ＥＩＰ)」2020-EIP-90(26),1-7 (2020-11-18)

21 https://twitter.com/hwtnv/status/1358728354002706432

死者のデータと法制度

個人データ、肖像・パブリシティ権、デジタル資産などの観点から

水野 祐（弁護士）

死者に法的な権利は存在するのか？　ＡＩやＣＧ技術が発展し、故人の生前の姿が再現できるようになったり、死後も著作物が生まれたりするような「死後労働」も技術的に可能となるいま、日本や諸外国の法制度は死者のデータをどのように取り扱っているのか。テクノロジーとイノベーションの法制度設計に詳しい弁護士の水野祐が、死者のデータにまつわる現状の法制度と課題を語る。

アンドロイド技術の発展と死者の権利

人工知能（ＡＩ）技術、音声合成技術、ＣＧ・ホログラム技術などのテクノロジーの発展により、死者の生前の姿をより正確に再現することが可能になってきている。本稿では、そのような技術群を「アンドロイド技術」と呼ぶことにするが、このようなアンドロイド技術は、各技術が急速に発展している最中であり、今後、商業的な利用から個人的な利用まで幅広く活用されていくことが予想される。

これまでも故人をモデルに脚色した小説や映画、ドラマから、故人の楽曲のカバーやアレンジなどまで、故人が遺したさまざまなコンテンツを活用する例は多くあったが、故人の名誉や声望、プライバシーを侵害しない限り、基本的には自由に利用可能であるべきという考えが採られてきた。だが、昨今の死者を再現するアンドロイド技術は、死者の生前の容姿や言動をよりリアルに再現し、さらには再現のみならず死亡していなかった場合の容姿や言動を「予測」してしまう。そして、生前から個人に関するデータがクラウドに常時接続されている状態で蓄積・収集されているため、今後この再現や予測はより精緻化し、リアルさを増してくるだろう。

そのため、これらの技術やそれを活用したサービスの社会実装においては、ＥＬＳＩ（Ethics, Legal and Social Issues＝倫理的、法制度的、社会的課題）の検討や、ＲＲＩ（Responsible Research Innovation＝責任ある研究とイノベーション）の観点が欠かせない。これは独裁者や宗教家といった社会的影響が強い故人の再現といった場合はもちろんのこと、家族や恋人、親しい友人、そして一方的に慕っている芸能人や個人などの第三者を個人的な目的により再現する場合など、より広汎な影響があると思われる。２０１６年に、韓国の大手テレビ局ＭＢＣ（韓国文化放送）が制作した、母親が病気で急死した幼い娘とＶＲ上で再会を果たすドキュメンタリー番組『ミーティング・ユー』（＊1）は、倫理的に大きな波紋を呼んだ。

本稿では、死者の生前の姿を再現するアンドロイド技術が、生前の個人情報・個人データ、肖像、テキスト、音声、映像やその他の死者に関するデータに依存していることから、死者のデータの取扱いに関する法制度の現況を概観する。主に検討するのは以下四つの側面からだ。

①個人情報・データ保護の側面からの検討
②肖像権・パブリシティ権の側面からの検討
③デジタル資産としての側面からの検討
④著作権・著作隣接権の側面からの検討

各検討においては、まず日本の現状を整理したうえで、諸外国において特徴的な動向について言及する。そのうえで、最後に全体の考察と今後の議論の方向性についていくつかの課題を提示してみたい。

①個人情報・個人データ保護の側面からの検討

まず、①個人情報・個人データ保護の側面からの検討を見ていこう。

日本の個人情報保護法は、「個人情報」を「生存する個人に関する情報」（2条1項）と定義し、明示的に個人情報から死者に関する情報を除外しており、個人情報保護の観点から死者の個人情報それ自体を保護の対象としていない。ただし、死者に関する情報が相続人や遺族の個人情報にも該当する場面があり得ることに留意が必要である（たとえば、死者の財産に関する情報は、その配偶者や子、孫に相続される相続財産に関する情報という側面もある）。

一方で、行政個人情報保護法にもとづき、地方自治体ごとに定められている「個人情報保護条例」においては、個人情報の範囲として、必ずしも生存する個人の情報に限らず、死者に関する情報をふくむと規定している例もある(1)。さらに、2018年に施行された「次世代医療基盤法（医療分野の研究開発に資するための匿名加工医療情報に関する法律）」は、死亡した個人に関する情報も「医療情報」（2条1項、2項）として保護の対象としている点に違いがある。

なお、デジタル庁発足に先駆けて、2021年に成立した「デジタル社会関係整備法」により、

＊1 『ミーティング・ユー』2020年3月、韓国MBCが放送したドキュメンタリー番組。VR上で亡き娘と再会する母親の様子が登場したシーンはYouTubeでも公開され、賛否両論をふくめて世界的に大きな反響を呼んだ。 https://www.youtube.com/watch?v=uflTK8c4w0c&t=3s

これまでバラバラのルールになってしまっていた民間と地方自治体等の行政個人情報法制を一元化することが決定している。

このように日本においては、一部の例外を除いて、原則として死者に関する個人情報・データを保護する規律は存在しないが、このような死者に関する個人情報・データ保護の法制度は国際的に見てもほぼ変わらない。

個人情報・データの取扱いに関する国際的な動向に強い影響を与えている、2018年5月に施行されたEUのGDPR（一般データ保護規則）は、その保護対象とする「個人データ」の定義として「識別された又は識別され得る自然人に関するあらゆる情報」としており（4条1号）、「生存する」という文言を付していない。また、同条は「識別可能な自然人とは、特に、氏名、識別番号、位置データ、オンライン識別子のような識別子を参照することによって、又は、当該自然人の身体的、生理的、遺伝的、精神的、経済的、文化的又は社会的な同一性を示す一つ又は複数の要素を参照することによって、直接的又は間接的に、識別されうる者をいう」と規定し、ここでも生存者という限定は付していない。これは、前述した日本の個人情報保護法が「個人情報」を「生存する個人に関する情報」（2条1項）と明示的に死者のデータを排除していることと対照的である。

ただし、GDPRは前文（Recital）において、死者（deceased persons）のデータにはGDPRが適用されないこと、一方で、加盟国が独自に死者の個人情報の取扱いについて定めることは妨げないとしており、各加盟国が独自の規制を行うことは可能とする規律を採っている(2)。EUにおいては一部の加盟国で死者の個人データに関する規制を個人データ保護法制の枠組みのなかで行おうとする動きがみられると言う（3）。

②肖像権、パブリシティ権の側面からの検討

次に、②肖像権・パブリシティ権の側面から検討する。

日本では、肖像権は法律上規定されている権利ではないが、みだりに自己の容貌、姿態を撮影されたり、撮影された写真や映像を利用されたりしない権利として、判例で認められている。肖像権侵害については、①被撮影者の社会的地位、②撮影された被被写体の活動内容、③撮影場所、④撮影目的、⑤撮影の態様、⑥撮影の必要性などを総合的に考慮して、被撮影者の人格的利益の侵害が社会生活上の受忍限度を超えるか否かで侵害の成否を判断する判例実務が確立している。

パブリシティ権も肖像権と同様に、日本では法令で定められた権利ではない。肖像権がプライバシー的な側面に着目した権利であるのに対し、パブリシティ権は著名人の氏名・肖像などに対する商業的な側面に着目した権利であるとされる。パブリシティ権侵害について、最高裁は、もっぱら著名人の肖像などに存する顧客吸引力の利用を目的とする場合に侵害を認めると判断している。

肖像権についても、パブリシティ権についても、すでに述べた通り、法令上の権利ではなく、その具体的な内容や権利範囲——本稿との関係では、これらの権利がいつまで存続するのか、

死後にも認められるのかについて法令に規定がないため、過去の判例・裁判例や解釈に委ねられている。

日本の判例・裁判例においては、肖像権もパブリシティ権も人格権に由来するものであるととらえており、人格権は一身専属的な権利（ある人に帰属し、他の人が取得または行使することのできない権利）であるため、死亡によって消滅するとの解釈が一般的である(4)。ただし、裁判例において、死者自身の肖像権またはパブリシティ権侵害ではなく、遺族固有の人格権ないし敬愛追慕の情に対する侵害と構成して、損害賠償請求を認めている事案があることに留意する必要がある(5)。

米国では、（生者の）パブリシティ権は財産権として譲渡も相続も可能というのが一般的な理解である。しかし、カリフォルニア州、ニューヨーク州では、パブリシティ権のプライバシー権としての側面を考慮して一身上のもの（personal）と位置づけ、譲渡や相続のいずれか、または両方を認めないなど、州単位で規律が異なっている。

そのうえで、カリフォルニア州やニューヨーク州は、「死者のパブリシティ権」について一定の条件のもとで権利として認めている(6)。カリフォルニア州では、１９８５年に制定され、「セレブリティ権利法（Celebrity Rights Act）」などと呼ばれてきたが、本稿との関係でより注目に値するのは２０２１年5月に施行されたばかりのニューヨーク州法である。具体的には、「死亡した著名人（deceased personality）」を定義し、死者の名前、声、署名、写真または肖像を事前の許諾なく商品そのもの、または商品の広告に使用することを禁止している(7)。

また、ニューヨーク州法では、「デジタルレプリカ（digital replica）」を、合理的な観察者が当該個人のパフォーマンスと信じてしまうほどリアルな、表現的な録音物または視聴覚作品における電子的な実演と定義している。そのうえで、「死亡した実演家（deceased performer）」のデジタルレプリカを、公衆が許諾を得られていると誤認するような態様で、架空の人物として脚本のある視聴覚作品のなかで使用したり、音楽作品の生演奏のために使用したりすることを禁止している(8)。ただし、作品のクレジットや関連広告に権利者から許諾を得ていないことを明記すれば免責される。このニューヨーク州のデジタルレプリカ規制法は、保護対象を死亡した実演家に限定しているため、現存の実演家や実演家ではない著名人は対象外になっている点、表現的な作品への使用のみを規制している点、「本人」として映像作品などに登場されることは対象外となっている点で、公衆の誤認混同の防止が重視されていることが特徴的である(9)。なお、同法では、同時に、「リベンジポルノ」や「ディープフェイク」に対する罰則規定も追加されている。

③デジタル資産としての側面からの検討

現在、死者に関するデータの多くは、各種プラットフォーム・サービスやクラウド・サービス、SNSなどがそのサーバー内で管理・保存している。したがって、死者データの取扱いについては、これらの死者データそのものや、そのデータにアクセスするためのサービスのアカウント（アクセス権）などが「デジタル資産（遺産）」として相続されるか否かという、主に民法上の論点を検討する必要がある。

日本では、所有権は「物」すなわち有体物にしか発生しないため、デジタルデータのような無体物については所有権が観念できず、著作権のように知的財産権の対象となるデータを除いて、相続の対象となるか否かについて統一的な見解は存在しない。各種サービスに対して、本人が明示的に自身のデータの開示または返還を請求できる債権的請求権を有している場合には、その債権的請求権を相続することは可能であろう。また、デジタルデータがＰＣやＵＳＢ、ＤＶＤなどの有体物に入っている場合には、それらの「物」としての相続と同伴してデータの相続が事実上認められているのが現状だろう。

この点、デジタル資産の法的枠組みについては、ビットコイン、イーサリアムなどの暗号資産（仮想通貨）の法的性質と相続性の検討が参考になる。暗号資産は物ではなく所有権は観念できないこと(10)、ブロックチェーン技術を基幹技術とする暗号資産は、特定の運営者・発行者がいない分散型のシステムであり、権利を請求する特定の相手方を観念することができないため、債権と考えることも難しいことから、暗号資産に対する権利の法的性質についての統一的見解は未だ存在していない(11)。ただし、資金決済法上も財産的価値があるものとして規定されており、民法においても、所有権をはじめとした物権や債権といった明確な権利義務とはいえないものでも、財産法上の法的地位と言えるものであれば包括的に相続の対象となると解されているため、暗号資産が相続の対象となること自体にはあまり争いがないとされている(12)。また、実務的には、暗号資産の保有は暗号資産交換業者を通じた取引になるため、暗号資産交換業者に対する債権的請求権を相続することは可能である(13)。

また、上記のような民法上の所有権の大原則に加え、各社のサービスとの契約（利用規約）とのコンフリクトも存在する。サービス上の利用規約等により、アカウントの相続やデータの開示等は行わないと規定されている場合に、相続や開示の請求ができるか否かが問題となる。このような利用規約（契約）も契約自由の原則のもとでは有効であると考えられており、相続人または遺族による法律上のデータ開示請求権も存在していないことから、サービス側の任意による開示を除いて、相続を禁ずる利用規約があるサービスにおいて、アカウントやデータの相続、データ開示の請求は難しいと考えられる。

諸外国に目を向けてみると、「デジタル資産」について明確なルールが存在していないことはほぼ一致しているが、米国では、多くの州で、成年後見制度において後見人が被後見人のデジタルデータやアカウント、暗号資産などのデジタル資産の管理に関与を認める「デジタル資産アクセス法（UFADAA：Uniform Fiduciary Access to Digital Assets Act）」という州法が成立している。ただし、各サービスの利用規約に従うことが前提のため、サービス側が相続や継続的な管理について遺族に認める範囲内での適用となる。

以上見てきたように、デジタルデータやアカウントなどのデジタル資産の取扱いについては法律上包括的かつ明確なルールが存在しているとは言えず、死者データの取扱いについては不明確な点も多い。

もっとも、プラットフォームやクラウド、ＳＮＳの事業者の多くは、法律上の権利とは関係なく、ユーザーへのサービス提供の一環として、死者のアカウント、データの取扱い、遺族からの申し出などについて各自サービスや手続きを自発的に定めている。各社の対応はさまざまであるが、本人の生前の意思（削除や追悼アカウントの設定など）にもとづく設定を重視しつつ、それに反しない範囲において家族や代理人からの閉鎖、資金・データ取得を認めているサービスが多い。

④ 著作権・著作隣接権の側面からの検討

死者を再現するアンドロイド技術やそれを活用したサービスは、死者の生前の文章や発言、（振付に該当する程度の）動作・モーションなどに関するデータを利用する点で著作権による規律を受ける。また、音声・演技・演奏を再現する場合には実演家の権利、録音物を利用する場合にはレコード製作者の権利という著作隣接権の規律を受ける。

まず、第三者による死者の著作物・実演等の利用の観点からは、死者の生前の文章や発言をそのまま複製したり、実演・上映したり、公衆送信する場合には原則として著作権者や実演家、レコード製作者としての本人または権利者の許諾が必要になる。ただし、死者を再現する技術の多くは機械学習などを目的とした情報解析を利用しており、この情報解析については2019年に施行された「柔軟な権利制限規定」（著作権法30条の4第2号、102条1項）により一定の条件のもとで権利者の許諾なく利用可能となっている(14)。

次に、相続という観点からは、財産権的な側面の著作（財産）権については譲渡、相続ともに認められるが、著作者または実演家等の名誉・声望を保護する著作者人格権または実演家人格権については譲渡も相続も認められない（著作権法59条、101条の2）というのが日本の著作権法の規律である。

ただし、著作権法は、著作者や実演家が死亡した後でも、著作者や実演家が生きていれば著作者人格権または実演家人格権の侵害となるような行為を禁じ（著作権法60条、101条の3）、遺族（死亡した著作者又は実演家の配偶者、子、父母、孫、祖父母又は兄弟姉妹をいう）には、そのような行為に対して著作者または実演家の死後における人格的利益の保護のための措置を認めている（同法116条）。

諸外国の法制をみると、著作（財産）権については、著作財産権と著作者人格権の区別を採用していない一元論のドイツを除いて、著作財産権については広範に譲渡や相続を認めている。一方で、著作者人格権については、著作権を「著作者の権利」としてとらえるフランスなどの大陸法系の国では、日本と同様に著作者人格権を一身専属的なものとして譲渡や相続を認めない。一方で、伝統的に著作権を「経済的な複製の権利」としてとらえるイギリスやアメリカでは、放棄や譲渡の余地を認めている。

なお、死者データの取り扱いという意味では、アンドロイドが生成する著作物やデータの取扱いについてもまた問題となる。現行法では、著作権が発生する「著作物」は「思想又は感情の創作的な表現」（著作権法2条1項1号）と定義されており、機械が完全に自動的に生成した生成物は「著作物」たり得ない。ただし、人がコンピュータやAIを道具として使用した場合に、その過程で人の創作的な寄与があれば「著作物」たり得る、というのが現時点においてのほぼ世界的なコンセンサスになっている（ただし、完全に自動的に機械が生成する生成物は未だ数少ないと考えられる）。したがって、アンドロイドが生成した生成物が「著作物」として著作権が発生するか否かは、その生成過程において人の創作的な寄与があるか否かで判断が分かれることになるだろうが、そのような寄与の有無は外部から判断しづらいこと、また人の寄与が必要のない高度なＡＩまたはアンドロイドほど「著作物」として保護されづらくなることなどの問題点があるだろう。

死者データ
に関する法制度

①個人情報・個人データ保護の側面
②肖像権・パブリシティ権の側面
③デジタル資産（債権その他の民法上の財産権）の側面
④著作権・著作隣接権の側面

※死者のデータの取扱いに関する包括的なルールはもちろん、各側面における明確なルールもいまだ未整備である。

考察と今後

以上見てきたように、死者データの取扱いに関する包括的な法制度や規律は存在しない。死者データの取扱いに関するルールは、①個人情報・データ保護、②肖像権・パブリシティ権、

③（主に民法上の）デジタル資産（債権その他の民法上の財産権）、④著作権・著作隣接権、という各側面から検討することを要するが、各側面におけるルールも明確になっているとは言い難い状況であり、今後ダイナミックに状況が変化していくことが予想される。最後に、今後に向けて、いくつかの課題を示しておきたい。

一つ目は、死者データの取り扱いに関する生前の本人の意思決定の尊重をどのように行うか、である。日本の現行法や過去の裁判例からすると、本人が生前に死後の再現を拒絶する意思表示をしていた場合でも、相続された場合には遺族の意思により法的には再現が可能となってしまう。遺言において指定した相続人に対し死後のデータの取扱いの指示を記載することが考えられるが、法定遺言事項（遺言に記載することで法的効力を持つ事項）ではなく付言事項（法的効力を持たない事項）と判断されるため、法的義務は発生しない可能性が高く、遺族は法的には本人の意思とは別の判断が可能だと考えられる。

ただし、付言事項としての記載ではなく、データ処分やウェブ上の各種サービスの削除・解約等を負担の内容とする負担付遺贈または負担付遺産分割方法の指定を行うことや、委任者の死亡後も効力を有する委任契約も有効であることから、死後のデータの取扱いについて死後事務委任契約の締結等により実効性を担保することが考えられる(15)。この点、本人の意思や情報自己決定権を重視する立場からすれば、このような生前の本人の意思と反する取扱いを禁止する立法的措置は検討に値するだろう。

二つ目は本稿での検討の通り、四つの法領域にまたがった死者データの取扱いに関する包括的なルールは必要か、必要だとして果たして可能なのか、である。死者の権利に関する原理・

原則は、アメリカ、イギリスを中心とする英米法系の法体系を持つ国々と、ドイツ、フランスを中心とする大陸法系の法体系を持つ国々で異なると言われている。前者においては、「actio personalis mortiur cum pesona（個人の行為は死によって消滅す）」の法理のもと、死者の権利については一般的に否定的である一方で、大陸法系においては死後（post-mortem）も一定の範囲で権利性を認める傾向にあるとされる。ＥＵでは最後までプライバシー権を死者にまで拡大することには総じて消極的であったとされ、ＧＤＰＲにおいても保護対象から死者のデータを除外する議論もあったが、最終的には上述の通り、加盟国独自の規制を行うことを許容する規律となった(16)。

誤解をおそれずに言えば、死者データの取扱いについては、ＥＵでは個人データ保護法制の枠組みのなかで整理しようというアプローチと、アメリカではアカウントやデータをデジタル資産として法的に保護する動きがあったことに加え、カリフォルニア州やニューヨーク州をはじめとして死者のパブリシティ権を立法するなど、財産的な権利として一体的に整理するアプローチが見られる。ただし、本稿で検討した各側面の権利が、それぞれ別個の権利として歴史的に発展し、議論が蓄積されてきた権利であること、また、パブリシティ権や著作権・著作隣接権の法的責任については人格的な権利と財産的な権利が密接不可分な権利ととらえられていることからすれば、一体的に解決することになじみづらい(17)。このようななかで、データポータビリティ権など、ＧＤＰＲに存在する個人に関する情報を自己決定する情報自己決定権を重視する考え方は、死者データの取扱いに関して包括的な視点を与え得るものとして、今後その議論がどこまで死者のデータにまで拡張されていくか、注目される。ただし、個人の情報自己決定権の過剰な保護は、財産権はもちろん、表現の自由との衝突で問題もある。また死後にまで広汎に情報のコントロールを認めれば、これまでわたしたちが死者に関する情報を利活用することで培ってきた文化や産業を阻害する懸念がある。この点で、ニューヨーク州法のデジタルレプリカ規制法が、権利者の許諾がない死者データの取扱いを禁止するのではなく、公衆の誤認混同の防止に力点が置かれていることが注目される。

また、このような死者データの取扱いに関するルールが、GDPRのように国家主導で形成されていくのか、民間のサービスの自主ルールやサービス仕様の設計というアーキテクチャにより主導して形成されていくのかも論点だろう。その中間としては、日本で2021年に施行された「デジタルプラットフォーマー取引透明化法」のように、プラットフォーマーに対して一定の役割や情報開示を義務づけていく共同規制的なアプローチもあれば、AIに関するOECD原則や総務省によるAI開発原則案・利活用ガイドライン案にある、公平性、透明性、アカウンタビリティ、信頼性、プライバシー、安全性、協調性などを求めていく民間の自主性をより重視したフレームワークも考えられるだろう。死者を再現するアンドロイド技術の急速な発展を背景に、本稿で紹介したような法制度的な検討が待ったなしの状況で進行しているが、情報技術をはじめとする科学技術が生死の概念変化や人間拡張の可否について倫理的・哲学的な検討が十分なされているとは言い難い。これらの技術やサービスの開発に、ELSI／RRI的な視点を「バイ・デザイン」で埋め込んでいく必要があるだろう。

三つ目は、今後発展が予想される意思決定を支援するAIエージェントの影響である。今後、意思決定を支援するAIエージェント技術が発展し、その活用が普及した場合、もはや生前の個人の意思決定と、死後に生前の個人の意思決定を予測するかたちでなされるＡＩエージェントの意思決定の客観的な正確性や質に差が生じないという事態が予想される。この場合、デジタル上では、人の生死の境目が融解するような状況になるため、本稿で検討してきた法制度設計とはまた別次元の考慮が必要になると予想される。

（みずの・たすく）法律家。弁護士（シティライツ法律事務所）。九州大学グローバルイノベーションセンター（ＧＩＣ）客員教授。Creative Commons Japan理事。Arts and Law理事。慶應義塾大学ＳＦＣ非常勤講師。ｎｏｔｅ株式会社などの社外役員。著作に『法のデザイン—創造性とイノベーションは法によって加速する』、共著に『オープンデザイン参加と共創から生まれる「つくりかたの未来」』など。リーガルデザインをキーワードに研究や教育を進める。

後注・出典

1 一般社団法人データ流通推進協議会「『パーソナルデータ分野に関するＥＬＳＩ検討』報告書」（２０２０）Ｐ21

2 GDPR Recital 27.

3 湯淺墾道、折田明子「ＧＤＰＲ（一般データ保護規則）と死者の個人情報」（電子情報通信学会技術研究報告１１８号Ｐ３－４）

4 パブリシティ権を「人格権に由来する権利の一内容」と判断した最高裁平成24年2月2日判決（ピンク・レディー事件）と、この判断を譲渡性・相続性を否定したものとしてとらえる見解として中島基至「最高裁重要判例解説」law&technology 56号Ｐ78―79、大阪高裁判決平成29年11月16日（Ritmix事件）（ただし、パブリシティ権の独占的利用許諾を受けた者による損害賠償請求を肯定）など。一方で、学説では、譲渡性・相続性を肯定する方向の議論も多い。

5 「死者の容ぼう等が撮影された写真を公表する行為が遺族の死者に対する敬愛追慕の情を、受忍限度を超えて侵害するものであるか否かについては、当該公表行為の行われた時期（死亡後の期間）、死者と遺族との関係等のほか、当該公表行為の目的、態様、必要性や、当該写真の撮影の場所、目的、態様、撮影時の被撮影者の社会的地位、撮影された活動内容等を総合考慮して判断すべきである」としたうえで、「本件事案の下では、故人の手錠姿の写真の公表は、妻の故人に対する敬愛追慕の情を受忍し難い程度に侵害するものと認められる」と判断した東京地裁平成23年6月15日判決など。

また、死者に対する名誉毀損が争われた、東京高裁昭和54年3月14日判決（『落日燃ゆ』事件）では、「故人に対する遺族の敬愛追慕の情も一種の人格的法益としてこれを保護すべきものであるから、これを違法に侵害する行為は不法行為を構成するものと言えよう。もっとも、死者に対する遺族の敬愛追慕の情は死の直後に最も強く、その後時の経過とともに軽減していくものであることも一般に認めうる」として、遺族の敬愛追慕の情について人格的権利として認めつつ、結論として違法性を否定した。

6 カリフォルニア州につき、California Civil Code § 3344.1 (h)、ニューヨーク州につき、New York Civil Rights Law § 50-f

7 New York Civil Rights Law § 50-f 2.a

8 New York Civil Rights Law § 50-f 2.b

9 奥邨弘司「米国におけるパブリシティ権～カリフォルニア州とニューヨーク州を題材に～」（2021年度著作権法学会シンポジウム・配布用資料）P40

10 暗号資産に対する所有権を否定した下級審裁判例として東京地裁平成27年8月5日判決。

11 秘密鍵の排他的な管理を通じて当該秘密鍵に係るアドレスにひもづいたビットコインを他のアドレスに送付することができる状態を独占しているという事実状態に他ならず、何らの権利または法律関係を伴うものではないとする見解もある（西村あさひ法律事務所編「ファイナンス法大全（下）〔全訂版〕」（商事法務、P845）。

12 金融法委員会「仮想通貨の私法上の位置づけに関する論点整理」（2018年12月12日）P21-22

13 bitFlyerやCoincheckなどの暗号資産交換業者は相続手続に関するFAQを設けており、実際には各サービスが定める所定の手続により相続手続を行うことになる。

14 ただし、著作権法30条の4ただし書には、「当該著作物の種類及び用途並びに当該利用の態様に照らし著作権者の利益を不当に害することとなる場合は、この限りでない」という限定がついており、死者を再現するアンドロイド技術やそれを活用したサービスにおいては、当該利用行為が「著作権者の利益を不当に該当することとなる場合」に該当しないかについて留意が必要である（水野祐『「AI美空ひばり」の法的論点』（https://note.com/tasukumizuno/n/n0d8e2d0a93d3））。

15 北川祥一『デジタル遺産の法律事務Q&A』（日本加除出版）P37

16 前掲・湯淺・折田P2-3

17 前掲・奥邨P41は、カリフォルニア州・ニューヨーク州の死者のパブリシティ権を認める立法について、パブリシティ権の法的性質について理論的な整理が十分になされないまま、立法的な解決を図られたものと評価している。

パーソナルデータは社会の資源になりえるか？

庄司昌彦（情報社会学者）

スマートフォンの利用からキャッシュレス化に伴う決済情報まで、いまわたしたちの行動はすべてパーソナルデータとして記録され続けている。それらのデータを死後、自分のため、または社会のためにも活用することはできるのだろうか？パーソナルデータと社会の関係に詳しい情報社会学者の庄司昌彦が解説する。

データの集積＝わたし

「クオンティファイドセルフ（QS：Quantified Self）」という言葉がある。日本語では「定量化した自己」などと表現されている。これは、健康維持や生活の改善、単なる好奇心などさまざまな理由から各種のセンサー機器を使って自分自身を定量的に把握するという行動であり、そうした行動の世界的な流行・ムーブメントでもある。

体重や血圧の管理、歩数の記録などのように行為としては昔からあったものだが、さまざまなセンサー機器が発達し普及したことやデータ利用サービスの増加によって自分のデータに関心を寄せる人が増えていることに気づいた「WIRED」US版編集者のゲアリー・ウルフとケビン・ケリーが、2007年からQSを提唱し始めた（＊1）。ウルフの主張のポイントは、スマートフォンやスマートウォッチ、フィットネストラッカーなどの機器に搭載されたセンサーやウェブサイトなどから得られる多種多様なデータが、「自分自身の理解」に役立つという点だ。

確かにスマートフォンを開いて日頃使用しているアプリを眺めて見ると、スケジュール、位

＊1　Gary Wolf "Know Thyself: Tracking Every Facet of Life, from Sleep to Mood to Pain, 24/7/365" WIRED 2009/6/22
ウルフはTEDトークでもQuantified Selfを紹介しさまざまなデータを自己理解に使う意義を語っている。
ゲアリー・ウルフ「定量化された自己」TED@Cannes、2010年6月

置情報、人間関係、購買履歴をはじめ、食べたのもの、体重・体脂肪率や活動量、心拍数、睡眠時間といった健康関連データや、ウェブサイトや動画の閲覧履歴などがそれぞれ詳細に記録され続けていることに改めて気づくだろう。

わたし自身も、QS的な行動は何年も前から日常化している。ダイエットアプリに断続的に記録された体重・体脂肪率のデータは約20年分、Amazonに記録された購買履歴データも約20年分、Google Mapsに記録された位置情報の履歴は8年分もある。これらが「わたしのすべて」を表しているわけではないが、わたしがわたし自身を理解する際の有力な手がかりになることは間違いない。

このようにさまざまなアプリやサービスによって取得された「わたし」に関するデータを集めれば集めるほど、「わたしのすべて」に近づいていくことになるだろう。それどころか、高度な分析を加えることで自分について自分が知っている以上のことを明らかにする可能性も持っている。

ただし現状では、各種のアプリやサービスが取得したデータを横断的にすべてかき集めることができるわけではない。企業は自社のサービスのためにデータを取得しているのであり、わたしに関するデータといえども、すべてをダウンロードして手元に集め、自由に組み合わせて分析することができるようにはなっていない。

表　パーソナルデータの利用目的の整理

	生存中の利用	死後の利用
私的利用	①現在の自分のため	②死後の自分のため
公的利用	③現在の社会のため	④死後の社会のため

四象限で考えるパーソナルデータ活用

パーソナルデータの活用をめぐる議論は、常に「社会」の大きな関心事である。またQSの例に表れているように、パーソナルデータは集積することで「ほぼ個人そのもの」を表現することが可能となり、個人にとっても重要性を増している。こうしたパーソナルデータの活用をめぐって日々行われている個人と企業・政府の綱引きは、どのような未来をもたらすだろうか。

ここでは、データを利用する目的を「私的か／公的か」「生存中の利用か／死後の利用か」の二つの軸を用いて四つのパターンに分類してみる。すると表のように、①現在の自分のためのデータ利用、②死後の自分のためのデータ利用、③現在の社会のためのデータ利用、④死後の社会のためのデータ利用、という四つの分類ができる。

それぞれの分類において、現在どのようなことが可能となっていて、またその背景にはどのような欲望が存在しているだろうか。またテクノロジーやサービス、社会制度はどのような方向に向かっていくのだろうか。整理を試みる。

①個人がデータ利用をコントロールすることはできるのか

まず、「①現在の自分のためのパーソナルデータ利用」について考える。近年、個人が「企業による情報利用からプライバシーを守る」だけではなく、個人が「自分に関するデータの利用をコントロールする力を持つ」べきであるという自己情報コントロール権の考え方が広がっている。２０１８年5月から発効したＥＵの一般データ保護規則（ＧＤＰＲ）でも、その具体化のひとつとしてＩＴサービスやアプリが保有しているパーソナルデータを使いやすい形式で自分のもとに取り戻せるようにする「データポータビリティ権」という考え方が導入された。そして、さまざまなアプリやサービスでデータを個人が取り戻せる機能の提供や、取り戻したデータを活用するサービスの提案などがさまざまなかたちで行われている。

そのひとつが「情報銀行」だ。これは、個人が健康状態や位置情報、購買履歴、学習履歴をはじめとする自分に関するデータを各種のＩＴサービスやアプリなどから取り戻し、ＰＤＳ（パーソナル・データ・ストア）などと呼ばれる集積場所（ネット上のサービスなど）に集約し、また必要に応じて情報を外部に開示するなどして、適切な管理と活用をしていくというものだ。データを財産のようにとらえ、財産を一ヶ所に集めて専門組織に管理運用させるところが銀行と似ている。

筆者は情報銀行の役割には少なくとも五つの方向性があると考えている（＊2）。まずパーソナルデータをタンス預金（素人が自己流で管理すること）から開放する第1の役割「情報金庫」である。次に、企業からのオファーに応じてパーソナルデータを提供・運用してポイントなどの対価を得る第2の役割「情報信託」。第3の役割は情報信託と似ているが生データを企業に渡すのではなく、指標化して企業に渡す「スコア」。第4の役割は情報銀行に集まったさまざまな人のビッグデータ全体の傾向を統計的に分析する「情報サービス」だ。これはパーソナルデータを個人が特定されないかたちで用いられるため、パーソナルデータ活用への不安感を下げるサービスとして受容性が高い。そして第5の役割は、消費者自身に直接メリットがある「個人向け分析支援」サービスである。自分を知るためにデータを取得し分析するQSはまさにこの分類の典型と言えるだろう。このように、情報銀行はパーソナルデータの主導権を企業から自分自身に取り戻し、自分でコントロールして活用する基盤となる。

情報銀行は日本発のビジネスモデルであるが、欧州発の「MyData」というコンセプトと近い。MyDataも、個人が自分自身のデータの主導権を握るべきという考えにもとづいている。自分が関わらないところで自分に関するデータがあちこちつながっていくモデルではなく、データ流通の真ん中に個人を位置づけてデータを連携していく。現状では、まだまだ個人データはアプリ・サービスごと、企業ごとに囲い込まれ分断されているが、大手プラットフォーム企業などでは自分のデータを容易にダウンロードできる機能の提供が始まっており、これはMyData的な考え方に沿っていると言える。

＊2　庄司昌彦「「情報銀行」はどのように成立するか」『行政＆情報システム』2018年2月号

ただし、自分のためにデータを利用したつもりでも、その影響が個人にとどまらないケースがある。ビッグデータ活用によるプロファイリング技術の進展によって、「個人」だけでなく、その個人と同じ属性を持つ「グループ」の特徴が分析されるというグループ・プライバシー問題だ（＊3）。たとえばわたしが自分自身の遺伝子データを公開したことで、ある遺伝子が特定の病気にかかりやすいことが判明した場合、そのデータの活用や公開は同じ遺伝子を持つ親族などのプライバシーにも影響する。家電製品の利用履歴データから家族全員の留守の時間帯が漏洩すると、それは家族というグループとして守りたいプライバシーが漏洩するということになる。劇場など不特定多数の人々が集まる場所でその場に居合わせたこともグループとしてのプライバシーに関わる。他にも、ＧＰＳ履歴を集めることで、時間と場所の組み合せなどから特定の信仰を持つ人々の行動様式を明らかにすることもできる。

このように、自分が利用を許諾／拒否できないデータからも、自分の消費傾向や政治的指向性、さまざまなリスクなどが高精度で推測されることが可能になっていく。このように個人がプライバシーを秘匿しても、自分だけのものではない「属性」からプライバシーが推測される可能性をどう扱うのか。個人がコントロールすることでデータ分析から個人を守れると考えてきたＧＤＰＲモデルはどう対応していくことができるだろうか。そして、個人データは本当に個人のものなのだろうか。

②死後の自分のデータを自分で活用する

個人情報保護法では、個人情報とは「生存する個人の情報」であり、死者の個人情報は保護の対象ではない。しかし自分の死後に自己表現としてパーソナルデータを活用することはあり得る。たとえば、ソーシャルメディア上に追悼アカウントとして自分のアカウントを残すことはすでに行われている。現在は墓標のようなページが設けられ、そこにコメントが寄せられるにすぎないが、生前から自身の写真や動画メッセージを掲載するといった自己表現を行うなどは、すぐにでもできそうなことである。さらに、ライフログを利用してもっと高度な自己表現を行うことも可能になるだろう。たとえば友人それぞれとのやりとりを掘り起こして友人たちに自分を思い出してもらったり、あたかも本人が生きているかのようなテキストを投稿して家族や友人たちに語りかけたりすることは技術的に可能だ。自分自身のディープフェイク動画を次々と生み出し、ソーシャルメディア上で死後も存在し続けることも不可能ではないだろう。

ＡＩでレンブラントの作風の絵画を生み出すプロジェクト（＊4）や「ＡＩ美空ひばり」のように、アーティストが自分の作風をＡＩに学習させて死後も作品をつくり続けたり、バーチャルな存在を残したりすることも、いまや技術的に可能となってきている。現行の著作権制度で

＊3　中川裕志『裏側から見るＡＩ　脅威・倫理・歴史』（近代科学社、２０１９、P.１１２-１１３）
＊4　The Next Rembrandtプロジェクト　https://www.nextrembrandt.com/

は、作者の死後70年間は権利が維持され、家族や子孫がその使用料を受け取っているが、家族や子孫たちのために、死後もＡＩとなって作品を生み続けるアーティストが出てきても不思議ではない。

このように、死後に個人的な目的のためにデータを活用することが技術的に可能となってきたとき、社会はそれをどれだけ受け入れるだろうか。自分の死後にどこの企業に自分のデータを利用させるか、死後に生み出された作品をどこの出版社に利用させるかなど、自己情報のコントロールがどこまで許されるだろうか。生前の決定とはいえ、あたかも生きている者のように活動し続ける死者に対して、権利を認めるべきかという議論も今後は深める必要が出てくるのではないだろうか。

③パーソナルデータは社会資源なのか

――パーソナルデータは、社会のあらゆる面に関わる21世紀の貴重な資源となる（世界経済フォーラム２０１１（＊５））

パーソナルデータは企業の競争力の源泉であり、経済・社会を発展させる貴重な資源でもあるという考え方がある。コロナ禍を機にパーソナルデータの公的な利用に対する期待と懸念はますます高まっている。次に、公衆衛生や災害対策といった、③「現在の社会のため」、これからの社会の課題解決に活用できるパーソナルデータについて考えたい。

たとえば、パーソナルデータの公的利用に関して典型的な例は感染症への対応である。新型コロナウイルスへの対応では、中国やイスラエルなどでは民間企業が持つパーソナルデータを利用したと推測される個人の追跡や濃厚接触者への注意喚起通知が実際に行われ、それが感染拡大の抑止に役立ったという見方もある。シンガポールでは政府が２０２１年１月から「接触確認アプリ」の用途を拡大し、感染対策用に取得されたデータを警察の犯罪捜査にも活用するようになっている。

さらには世界経済フォーラムでも、「医学医療の発展や公衆衛生の向上等の、合意がなされた特定の公的な目的のためであれば、必ずしも明示的な個人同意によることなく個人の人権を別の形で保障し、データへのアクセスを許可することで目的とする価値を実現するモデル（ＡＰＰＡ：Authorized Public Purpose Access）」を提案している。日本でも政府の「デジタル改革」を議論する会議において、本人同意やデータホルダーによる許諾ではなく、「データ取得方法、データの管理主体、データの利用目的等に鑑みて相当な公益性がある場合に、データ利用を認める」という「データ共同利用権」という概念が提起されたこともあった。

筆者が調査に参加した内閣官房ＩＴ総合戦略室の「我が国におけるデータ活用に関する意識調査」（＊６）によると、個人情報を提供して得られる対価としてふさわしいと思うものを尋ね

＊５　https://www.weforum.org/reports/personal-data-emergence-new-asset-class

＊６　ＩＴ総合戦略本部が開催した第６回官民データ活用推進基本計画実行委員会 データ流通・活用ワーキンググループ（２０１９年３月４日）で報告した。資料はインターネット上で公開されている。

図　我が国におけるデータ活用に関する意識調査

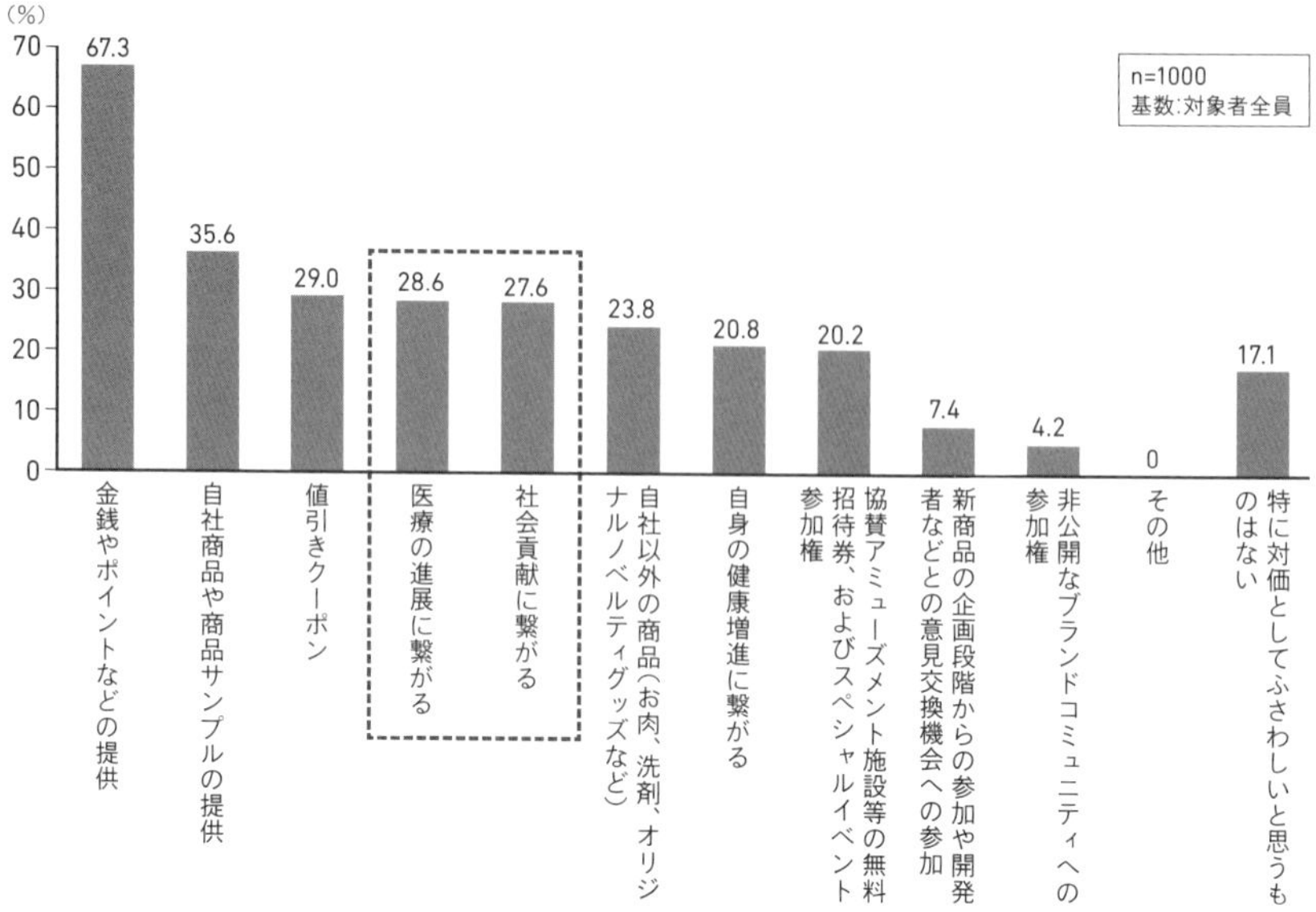

内閣官房ＩＴ総合戦略室「我が国におけるデータ活用に関する意識調査」

たところ、７割の人々が金銭やポイントなどを挙げたが、３割の人々は医療の進展や社会貢献につながればよいと考えていた。コロナ禍を経てデータ活用が進んだことで、この傾向は以前よりももっと増えているのではないかと考えられる。

政府と民間が連携して双方のデータや分析能力を活用すれば、感染症対策や治安対策で大きな成果を期待できるのは間違いない。しかし、その活用には懸念もある。たとえばユヴァル・ノア・ハラリは、感染症対策を機に世界各国で「監視国家」化が進むことや、感染が収束した後も政府は監視を続けたがる可能性があることを指摘している（＊7）。その指摘を裏付けるように、香港では、中国政府が反政府デモ参加者を取り締まるために公共交通機関の利用データを用いることが予測されたため、デモの参加者はあえて記録の残る交通カードを使わずに切符を購入したというエピソードもある。

政府自身が積極的にデータを取得して活用する際、また特に官民連携を行う際には、データを利用する目的や期間、管理方法、撤退条件などを取り決め、それらを公表し、成果を報告するなど透明性を高めていくことが求められる。

④社会貢献としての死後のパーソナルデータ活用

統計的な利用はコロナの感染関連データのインフラ（＊8）で一気に身近なものになった。たとえば内閣府は、コロナウイルス感染症の地域経済への影響を官民ビッグデータの活用により可視化するサイト「V-RESAS」を2020年6月に開発・公開している。このサイトでは「人流」「消費」「飲食」「宿泊」「イベント」「興味・関心」「雇用」「企業財務」などの実用的な観点からデータが整理され、都道府県別に推移などを見ることができる。元データはスマートフォンアプリやクレジットカード、検索サイト、会計ソフトなど民間企業が取得しているものであ

＊7　「全文公開第二弾！ ユヴァル・ノア・ハラリ氏（『サピエンス全史』ほか）が予見する「新型コロナウイルス後の世界」とは？ FINANCIAL TIMES紙記事、全文翻訳を公開」『Web河出』（2020）

＊8　https://v-resas.go.jp/

り、パーソナルデータを広く集めることで、これまで以上に詳細に社会の現在の姿を把握できるということを象徴している。

パーソナルデータの公的利用に関して、今度は、④「死後の社会のため」、自分が死んだ後にデータをどう社会に役立てるかという観点にも着目したい。アイスランドの遺伝子バンクや東北メディカル・メガバンク機構（＊9）のように、自分のためではなく医療研究など社会のために自分のデータを残し、活用させるという選択肢もある。歴史的に移民の流入が少なく、人々のあいだに比較的均質な遺伝情報が保たれているアイスランドでは、政府のプロジェクトとして国民の大半の人々の遺伝子情報・家系情報・診療記録から成る複合データベースを整備している。そしてそれらの分析を行うdeCODE Genetics社は、いま医学研究や人類史研究などにおいて多大な貢献をしている。

遺伝子情報だけではなく、コロナ禍において人々がどのように生活し、どのような体調であったかなどといったデータもSNSやスマートウォッチ、携帯電話の利用データから分析することができる。それらを将来の人々が研究することでさまざまな商品・サービスの開発やきめ細かい感染症対策などの政策立案に役立つかもしれない。また文学研究などにおいて過去の著名人の書簡や日記を分析するような研究もあるが、現代で言えばソーシャルメディアに記述したことや私的なメッセージ、さらにはさまざまなライフログも残せばそれらも研究対象になるに違いない。それどころか、商品開発や政策立案にも使える貴重な社会資源となるだろう。「社会の資源とするためにあらゆるライフログを残してほしい」と依頼されたら、あるいは提供を義務化されたら、あなたは自分の膨大なパーソナルデータを誰でも使えるオープンデータとして提供することに同意するだろうか。

データ化とどうつきあうか

ここまで、パーソナルデータの利用目的を私的／公的、現在／死後の二つの観点から四つに整理し、それぞれの観点から考察してきた。最後に、これまでの議論の前提を問い直してみたい。それは、技術的に可能になってきているからといって、そもそもパーソナルデータというものは、より多くより詳細に残し、より有効に活用しなければいけないものなのかということだ。パーソナルデータの活用をめぐる議論は、データがあるという前提から議論を始めれば、使うか・使わないかが論点となり、「使うほうが望ましい」「使えばこんなことができる」といった結論に傾きがちである。

だが、個人の幸せや自由・尊厳など別の価値を優先させて議論を始めると、必ずしも同じ結論になるとは限らないのではないだろうか。つまりデータを取得することによる不利益や、データが残されることによる不幸といったことについても考慮し、場合によっては利用するパーソナルデータをあえて限定する必要もあるのではないだろうか。

情報社会に生きるわたしたちは、人とつながることや記録を残すことは簡単になったが、逆

＊9　東日本大震災被災地の医療復興のためにつくられた機構。2013年より地域の参加者15万人の情報を収集したバイオバンクを構築している。

にそのつながりから少し離れたり、記録を残さないようにしたり、リセットしたりすることはとても難しくなっている。かつて都市部に住むということは、閉鎖的なムラ社会から抜け出して人間関係を一度リセットし、匿名性のなかで過ごす快適さという意義も持っていたように思われる。コンビニエンスストアでモノを購入するのも、近所の顔なじみの商店主と毎回話をせずとも、黙って好きなものを買うことができるという快適さを持っていた。

だがいまでは都市や店舗は、さまざまな手段を駆使して個人情報を取得する場所になってしまっている。また昨今のキャッシュレス化の推進に関する議論では、誰がどのようにお金を使っているのかについても本人の同意を得たうえであれば分析できると論じられることがある。つまり、貨幣が持っていた匿名性がいまキャッシュレス化によって失われていく可能性も出てきているのだ。さらに、シェアリングエコノミーの進展においても、提供者や利用者の信用情報(信用スコアなど)が基盤として使われるようになれば、人間関係や過去の行いがどこまでも自身の行動にまとわりついてくるようになる(＊10)。

しかし、わたしたちは長い人生を送るなかで、何らかの理由で人間関係をリセットしたり、過去の記録を消去したり、あるいは一時的に匿名な存在になりたくなることもあるのではないだろうか。特にDVから逃げている人や、ストーカーとの関係を絶ちたい人など、セーフティネットとしての「縁切り」や「匿名化」という選択肢が必要な人がいるのではないか、などといったことも考えておく必要があるように思われる(＊11)。

「つながり」や「記録」から離れ、「無縁」の状態になった人が普通の生活を送りにくくなるような社会は望ましくないだろう。わたしたちは、パーソナルデータの活用やソーシャルネットワークの恩恵を受けつつ、場合によってはデータの提供を拒否するなどの状態であっても大きな不利益を受けない社会をどうすればつくっていくことができるだろうか。パーソナルデータは個人のために使えばよいのだろうか、社会の資源にするべきなのだろうか、そもそもデータを取得するべきなのだろうか。わたしたちはこれらの問いに正面から向き合い、より深く検討を続けていかなくてはならない。

データ活用の問題になると大体は個人データをめぐる議論になりやすく、では死後のデータも自己でコントロールするか否かという視点のみに留まってしまう。もちろん、この議論を詰めていくことも重要だが、まずデータがあり、使うか・使わないかという問いの立て方をすれば、使う方が望ましいという結論に倒れてしまう。利便性にしても人間の幸せや自由・尊厳にしても、個人データをめぐる争いから離れて実現することはできないだろうか。利用するデータをミニマイズし、人間をとりまく環境のデータを大量に自由に活用することで、スマートな社会を築くことも考える価値があるだろう。

＊10　崎村夏彦「無情社会と番号制度～ビクトル・ユーゴー『ああ無情』に見る名寄せの危険性」『Gihyo.jp』（２０１１）

＊11　庄司昌彦「「無縁」とパーソナルデータ活用社会」『行政＆情報システム』２０１９年４月号

（しょうじ・まさひこ）武蔵大学 社会学部 メディア社会学科 教授。国際大学グローバル・コミュニケーション・センター（ＧＬＯＣＯＭ）主幹研究員、内閣官房オープンデータ伝道師。２００２年、中央大学大学院総合政策研究科博士前期課程修了、修士（総合政策）。主な研究領域は情報社会学、情報通信政策。特にデジタルガバメントやデータ活用の分野では政府や地方自治体の研究会の構成員なども多数務めている。HITE-Media研究代表者。

ゲーム世界における〈他者〉とＡＩ

「遊び」についての議論を手がかりに

橋迫瑞穂
（宗教・ジェンダー社会学者）

ビデオゲーム内では、そこに存在して意志を持っているかのようにふるまうＡＩがキャラクターに実装され、いつでもプレイヤーの遊び相手になってくれる。いまや、その遊び相手がたとえ死者であっても区別はつかないだろう。他者たるＡＩの進化はわたしたちにどのような影響を与え、生きている生身の人間との関係にどのような変化をもたらすのだろうか？　宗教・ジェンダー社会学者の橋迫瑞穂がビデオゲーム内の「他者」の存在について考察する。

ゲームのなかに現れる〈他者〉

社会学の視点からみると、「遊び」はきわめて社会的、相互的な行為である。すなわち、「遊び」は自己と他者とが繰り広げる相互行為的な磁場を形成し、さらには「遊び」の目的に真面目に没頭することで固有の世界をつくり上げることになる(1)。それは伝統的な「遊び」だけでなく、ビデオゲームで「遊ぶ」場合にも見出される。オンラインゲームの発達で、未知の他人と出会い、同じ場を共有して「遊ぶ」ことも珍しくなくなった。

だが、ゲームで他者として立ち現れるのは、ゲームの相手だけではない。近年のビデオゲームでは、キャラクターそのものが自律的に行動し、あたかも一個の人格であるかのようにふるまうことが一般的である。プレイヤーの操作に合わせて反応しその経験を学習するAI技術の発達が、キャラクターの他者としてのリアリティを高めるのに大きな役割を果たしている。

このキャラクターとプレイヤーは冒険に出たり、共に戦ったり、恋に落ちたりすることがある。また、時にキャラクターはゲーム世界で死を迎えることで、プレイヤーに悲しみや追悼の感情をもたらすこともある。ゲームである以上、ボタンを押せばすぐ復活する存在であるにもかかわらず、キャラクターがもたらす他者性と喜怒哀楽の感情は、プレイヤーにとってキャラクターをかけがえのない存在に位置づけるのである。ゲーム世界のなかにだけ現れる、このヴァーチャルな行為者をここでは〈他者〉と表記することにしよう。

では、ビデオゲームの世界のなかに現れるこの〈他者〉とは、一体いかなる存在なのだろうか。そして、その〈他者〉は、ビデオゲームという「遊び」の空間にどのような意味を与える存在なのだろうか。本章ではビデオゲームにおける〈他者〉性に注目して、それが「遊び」とどのように関わっているのかを検討する。

これまでのビデオゲーム論においても、ゲームで「遊ぶ」際の他者との関係や、その位置づけについて論じられてきたが、それらはおおむね従来の「遊び」論の延長に位置するものと言えよう。

その典型的な例としてゲームセンターにおけるフィールドワークを通して、プレイヤー同士がどのような関係を築き上げているのかを検討している加藤裕康の議論が挙げられる(2)。他方で、オタクとゲームについて焦点をあてながら、「動物化」というキーワードによってコミュニケーションとそこでの人格のありようについて検討した東浩紀の議論が挙げられる。東は物語の筋をたどることを主な目的とするノベルゲームに焦点をあて、プレイヤーが断片的な記憶や習慣を共有する「部分的な他者」として立ち上がることを指摘する。そのうえで、ノベルゲームのなかでヒロインと恋に落ちるプレイヤーは、ゲームのなかで他者と出会いながら相対化された記憶の断片を持つ「多重人格的」な自己を生きるのだと東は述べている。

加藤の議論は、ゲームセンターという特有の空間を重視しているため、そこでの「遊び」のあり様と従来の「遊び」とのあいだには違いがない。しかし、東の議論では、ビデオゲームでは固有の〈他者〉性を持つキャラクターが登場し、そのキャラクターとの出会いがプレイヤーに特有の自己のあり方を示すとしている。本稿で取り上げる〈他者〉性は、東が論じるゲームにおけるキャラクターとプレイヤーの関係に近い。しかし、ノベルゲームで浮上する〈他者〉は物語で形成された固有の世界の構成部分そのものであり、ＡＩやグラフィックで立体的に表現されたキャラクターとは役割や、何よりも「遊び」方が異なる。ゲーム世界で他者として自律的なのが、現在のビデオゲームにおける〈他者〉の特徴と言えるだろう。

このようなビデオゲームにおける〈他者〉性の意味を検討するため、「遊び」についての二つの議論を参照したい。一つは、ゲームを通して実在する他者と「出会う」ことに焦点を当てたアーヴィング・ゴッフマン（＊1）による「遊び」の議論、もう一つは実在しない〈他者〉との出会いに焦点を当ててその出会いが意識にどのような影響を与えているかを論じているピーター・L・バーガー（＊2）の議論である。この二つの議論は直接ビデオゲームを取り上げたものではないが、ビデオゲームの「遊び」における〈他者〉の特徴を照射する重要な手掛かりとなりうる。それぞれの議論を吟味したうえで、ゲーム世界における〈他者〉の意味について検討したい。

＊1　アメリカの社会学者。研究対象は社会的相互行為と相互行為秩序で、人々のコミュニケーションとそれが交わされる場の空気についてドラマツルギーという手法で分析した。

＊2　アメリカの社会学者・神学者。New School for Social Researchにて博士号を取得した後、アルフレッド・シュッツの現象学的社会学を継承し発展させた。また、神学者として宗教社会学の展開にも大きく寄与した。

「遊び」と〈他者〉

アーヴィング・ゴッフマンは『出会い――相互行為の社会学』（＊3）において、さまざまな「遊び」の形式を取り上げるなかで、ゲームについて「世界を構築する活動」と定義している。そのうえでゴッフマンによれば「遊び」とは「真面目」な意識に対抗して面白さを追求するために行われる行為であり、そこでは「出会い」が重要な意味を持っているとしている。

この場合の「出会い」とは、「互いに相手と身体的に直接的に居合わせる場合に起きるあるタイプの社会的配置（social arrangement）」のことを指し、そこでは参加者は互いに「焦点を定め」ることになるとゴッフマンは述べている。それは、ゲームに参加するプレイヤーがルールにしたがって、ゲームで使用される道具を正確に配置することに現れる。ゲームにおいて必要なのは道具そのものの価値ではなく、道具がゲームの外のリアリティと異なる「枠」のなかで、「何でも適合させられるのだという一定の『意味』」を担うことだからである。このゲームにおける「枠」の内側では、参加者の特性はないものとして取り扱われる。そのうえで参加者は、互いに相手の行動に注意を払わなくてはならない。

ゲームの参加者はこの「枠」に参入するために、外の世界にある自身の関係性や属性を置き去りにする必要がある。なぜなら、自身の関係性や属性はゲーム内で新たな世界を生成するのに障害となるからである。ただし、ゲームにおいて外部の世界が完全に無効化されるわけではなく、ゲームに参加する際の指針になることもある。そして、ゲームにおける相互行為自体が「彼らを取り囲む境界の役割を果たす」ことで、「彼らを多くの意味や行為を秘めている世界」から彼らを「遮断」し、特有の世界を形成するのである。つまり、ゲームの世界とはルールによって統御され、それ以外のものが排除された状態であり、そのことで濃密な意味を持つ世界が形成される。

その結果、他者との「出会い」の意味も重要さを増していく。なぜなら、「出会い」はゲームに参加している人々のあいだでの「具現化されるリソース」が新たに生成されることを意味するからである。ここで何より重要なのは、ゲームそのものに対するプレイヤーの自発的関与である。なぜなら、ゲームに対して「自分自身を引き入れていく」ことが相互行為への没頭の仕方を決定づけることになり、ゲームでの「出会い」のあり方、ひいてはゲームがつくり出す世界のあり方にも影響を与えるからである。この自発的共同関与としてのゲームについて、ゴッフマンは以下のように述べている。

他方、対面的ゲームは、それぞれの人のリアリティ感覚に異なった形で関係している。活動が自分の目前で行われているということが、単なる状況の定義をリアリティの厚みを持つものとして経験させることを確かなものにしている。(略)さらに、自分自身にとって世界を生き生きしたものにさせるか、あるいは一瞥《いちべつ》、ひとつの身振り、ないしはひとつの言及によって、人がそこに定着させているリアリティを無化してしまうという点では、他人ほど有

＊3　アーヴィング・ゴッフマン『出会い——相互行為の社会学』(誠信書房、1985)

効なエージェントはないように思われる。

このように、ゲームにおける他者は対面状況における相互行為のなかで、固有の世界をつくり上げるための重要な役割を担っているのである。

ゴッフマンの「遊び」と他者についての議論を、ビデオゲームにあてはめて考えてみよう。ゴッフマンの議論は、ビデオゲームを直接的に取り上げたものではない。また、あくまでも実存する他者と対面で「遊ぶ」ゲームを前提としている。だが、道具で仕切られた「枠」のなかで他者と「遊ぶ」ことが、濃密な意味世界を生成する重要な契機であるという視点は、ディスプレイ上の枠組みのなかでゲームに参加して、意味のある世界を形成するビデオゲームにも通じるものと言えるだろう。

では、そのなかでの〈他者〉の位置づけはどうだろうか。ビデオゲームでのキャラクターによって表象される〈他者〉とは、ゲームという「枠」の中に限定された〈他者〉であることに終始する。しかもその〈他者〉は、「出会い」をもたらすゲームにプレイヤーが参加するときに初めて立ち現れるというものである。逆に言えばこの〈他者〉は「枠」の外部を持ち込むことがなく、さらにそのうえ自発性においてはプレイヤーの意図をそのまま反映した存在である。つまり、徹底的に内在的な存在である〈他者〉なのである。そうした意味で、ＡＩが備わったキャラクターは、プレイヤー自身にとっては「遊び」の意味や価値を阻害することのない、このうえなく理想的な存在でもある。

しかし、果たしてそのように都合よく行くだろうか。なぜなら実はこの外部を持たない〈他者〉は、プレイヤー自身の意識を脅かす可能性をふくんでいるからである。その点について、ピーター・L・バーガーの宗教についての議論を手掛かりに検討をすすめよう。

〈他者〉の脅威と「遊び」

ピーター・L・バーガーは宗教による世界の創出を、「外在化」「客体化」「内在化」という三つの過程として説明する。まず、人間はそのままの「自然」状態に住むことはできず、世界を構築することを試みなくてはならない。なぜなら、世界をつくり上げることで規則性のない場所に「自分の動機を特定し、自分に安定性を供給」する必要があるからである。これが「外在化」の過程である。ただし、「外在化」は一人で行うものではなく、人々が共同して共に行う必要がある。「外在化」は世界を確かなものとする道具の生成が必要だが、それは「世界構築の営みを組織し、配分し、調整する」ことによって可能となるからである。

この「外在化」は「客体化」を必然的に発動させる。「客体化」とは、人間が自身で生み出した世界が、人間の手を離れて自立的に生成する過程である。この「客体化」によって、「外在化」された世界は安定的なものとなる。なぜなら「客体化」は、この世界が確かに人間によってつくり出されたものであるにもかかわらず、時に創出者たる人間をコントロールするものとして現出することがあるが、そうすることで世界は安定的で持続的な存在となるからである。同時に、「客体化」した世界に住むことで、人間は自分自身だけでなくお互いを理解することができる。世界を構成する「客体化」の道具としては、たとえば共通する言語などが挙げられる。

他方で、「客体化」したものを人が自己に取り入れようと思うなら、世界の一部を自己の意識に引き入れなくてはならない。それが、「内在化」である。世界は人間の営為でできていながら、常に個人の意識に先行しているからである。このときに特に重要なのが、対話である。すでに形成された世界を構成する人々による社会的なアイデンティティは、対話を通して伝達されたものを引き入れることで形成されるからである。さらにその営みは、「有意の他者との対話」によって維持し続ける必要がある。そうでなくては、この世界の意味や、さらには自分自身の立ち位置も揺らぎ始めてしまう。

このように、「外在化」「客体化」「内在化」という過程を経て人間は世界を意味のあるものとし、そこに自分自身を定位することができるようになる。しかし「外在化」と「客体化」が極端にまで推し進められると、この世界が人間の営為によって生み出されたものだという事実が忘却され、創出者たる人間を抑圧する存在として世界が現出する状態が現れる。このような状態をバーガーは「疎外」と述べる。「疎外」された状況では、個人は外部の現実世界をその反映として、自分の意識に立ち現れるものよりも一段劣ったものとしてとらえるようになる。なぜなら、「疎外」された状況では、「客体化」が行き過ぎ、人は社会のなかに自己が同定したもの以外を承認することが難しくなるからである（その結果、自身の行為が絶対的な他者がもたらす「変化、運命、またはめぐり合わせ」としてのみ受け取られるようになる）。

こうした「疎外」をもたらすうえで最も重要な役割を担うのが他ならぬ宗教なのである。そこでは対等な他者との対話ではなく、「絶対的に他者的なあるもの」、すなわち超越的な神との対話に近いものが展開されているとバーガーは言う。そして、絶対的な他者との対話は「疎外」を解消してくれる。バーガーの議論からは、個人が「外在化」「客体化」「内在化」の過程を経て自己の世界をつくり上げるのに、他者との対話が何より効果的であることが改めて確認される。ただし、その他者は時に自分自身よりも強大な存在として映り始め、必ずしも対等ではない他者となることがある。平たく言えば見た目にはそうではなくても、役割としては自分自身を確かな存在として保証し、より強化する、宗教における超越的な他者、すなわち神に似た他者として現れるのである。

この点を、ビデオゲームにおける〈他者〉とつなげてみよう。ゲーム世界の外部を持たない〈他者〉は、ゲーム世界そのものの意味をすべて引き受けている純粋かつ強力な〈他者〉と言えるだろう。いうなれば、ゲームという空間に限定された、超越的な神の代替となる〈他者〉になりうる。この〈他者〉との対話はゲーム世界をそのままプレイヤーに引き受けさせることで、世界の持つ意味をより強力なものとする。その結果、ゲーム世界をプレイヤーにとって外部の世界より、より確かな意味を持つものとして現出させる効果を持ち込む可能性がある。言い換えれば、その〈他者〉はゲーム世界の内側にプレイヤーを引き入れて、世界からの出口を時にふさぐ存在となる可能性がある。とりわけ「疎外」の解消が有効に作用していた場合、その可能性はより高くなると考えられる。

AIを搭載された〈他者〉

以上、見てきたようにゴッフマンとバーガーの議論はいずれもビデオゲームにおける〈他者〉の意味を考察するための示唆に富んだ論点を提示している。

ゴッフマンによるゲームが生身の他者同士によるカードゲームなどではなく、AIを搭載された〈他者〉たるキャラクターと共に「遊ぶ」ゲームに置き換えられたとき、そこでは「焦点が定まる」ことが自明のものとされているし、相手が自発的にこの「遊び」に参加したかが問われることもない。

つまり、AIを搭載したキャラクターはプレイヤーに対し、おのずからゲーム世界の意味を濃密にすることが、初めから決定づけられている。このことは、プレイヤーにとってのゲーム世界の目的や価値、つまり「遊び」の意味をより一層濃いものにする。なぜなら、「遊び」におけるく他者〉に対してことさらに配慮することも注意を払う必要もないからである。それよりも、ゲーム世界を構成するより重要な意味、たとえば敵を倒しにいくとか、〈他者〉との関係の結果としてアイテムを獲得してゲームクリアにまで到達するといった、より大きな目的（あるいは物語）に没頭することができる。すなわち、何よりも重要な〈他者〉として現出する可能性がある。

しかし、こうした〈他者〉性は、プレイヤー自身の規範意識が問われることにもつながる。

すなわち、「焦点が定まる」という体験をゲーム内で得たとしても、その関係性はゲームの外側に波及することはない。それどころか、そのようなことはあってはならないとされる。なぜなら、それはあくまで自身が選択した世界における限りでの〈他者〉であり、その特性を外部に流出させることはしてはならないからである。しかし、プレイヤーの規範意識が揺らぐと、この〈他者〉性は別の性格を帯び始める。すなわち、何よりも重要な〈他者〉として現出する可能性である。

バーガーが述べたように、この世界は「外在化」「客体化」そして「内在化」によって生成される。そのためには、同じ世界を共有する他者との対話が欠かせない。「遊び」が時に宗教の根幹をなすものとしてとらえられるのは、それが世界を生成する働きを有するからに他ならない。

ゲーム世界における〈他者〉は、この三つのプロセスを滞りなく滑らかにたどって形成される。その過程に立ち上がる対話の対象は、外部を持つことのない、プレイヤーと限りなく同質な〈他者〉だからである。その結果、ゲーム世界において「客体化」が過剰に起こりうることが予測される。そうでなくては、〈他者〉であることの意味が揺らいでしまう。そして、この超越的とも言える〈他者〉との対話によって、ゲーム世界はプレイヤーにとってより濃密な意味を帯びた、かけがえのない空間として書きかえられていく。グラフィックとAIが搭載されたゲームにおける〈他者〉が、ゲーム世界の付属物でも、プレイヤーが操るキャラクターの単なる脇役でもなく、ゲーム世界の一部としてなくてはならない存在であるのはそのためである。

バーガーの議論に倣えば、この過程は「疎外」が解消された体験と類似している。

だが、そのつくり上げられた、外部のない〈他者〉との対話を行うことで、ゲーム世界は、そこから異質性を排した、プレイヤーにとって限りなく居心地の良い、しかし閉じた世界として現出する。ゲーム世界がプレイヤーにとって、時に現実の社会より心地良い空間となるのはそのためであると考えられる。そうした意味で、危うい側面もこの〈他者〉は持ち合わせている(3)。

さらにこの〈他者〉との対話により、ゲーム世界がプレイヤーにとって何よりも重要な意味を帯びる世界となる可能性がある。そのとき起こりうるのは、プレイヤーがゲーム世界から出られないということではない。そうではなく、ゲーム世界と外部の世界とが〈他者〉との対話を通して、プレイヤーにとって同等、あるいはゲーム世界がより重要な価値を帯びるということなのである。そしてそのときに注目されるのは、プレイヤーにとってのゲーム世界の外側にある社会のリアリティの価値や意味そのものなのである。

生身の他者との関係はどう変化するのか

ゲーム世界におけるＡＩの役割は、限定的なものである。しかし現在、ＡＩを搭載したロボットが家庭にまで普及し、身近な技術となりつつある。これまでの議論を踏まえると、ＡＩが搭載されたロボットに話しかける個人は、いまここの現実と異なる別の意味世界に没入する可能性の入口に立っていると見るべきだろう。ＡＩが時に「神」に見立てられるのは、こうした理由による。

もちろん、現時点の技術ではＡＩには限度があり、まだ複雑な内容の対話や深い意味を帯びた対話が成立するには至っていない。しかし将来的には、ＡＩを搭載したロボットとの対話が、ゲーム世界のような滑らかな意味世界を醸成する可能性はあると見るべきだろう。そこでは、外部を持ちあわせていない他者との対話が、実生活の基盤となる意味世界をつくり上げることになる。

だとしたら、そこで展開しうる世界とはどのような世界なのだろうか、その場合、生身の他者との関係はどのように変化していくのだろうか。そもそも我々にとって現実とは何を指すのだろうか。ゲーム世界におけるＡＩの発展と展開は述べたように、我々の社会における現実とは何かについて問いかけていると言えるだろう。

後注・出典

1 この「遊び」についての議論は、ヨハン・ホイジンガ（Huizinga [1938]1958＝1973）とロジェ・カイヨワによる議論（Caillois [1958]1967＝1990）に沿っている。ヨハン・ホイジンガによる「遊び」についての議論とテレビゲームとのつながりを示したものに、中川による議論が挙げられる（中川2016）。また、ヨハン・ホイジンガとロジェ・カイヨワの議論の相違については、（橋迫2008）を参照されたい。

2 他にも、身体性による「遊び」とテレビゲームにおける「遊び」を比較して、生身の身体を介さない他者性に注目した議論として松田恵示の議論が挙げられる（松田2001）

3 このゲーム世界と〈他者〉の持つあやうさに関して、メディアを通して話題となっている「ゲーム依存症」についての議論と早急に接続することは避ける必要がある。「ゲーム依存症」とは社会生活に支障が出るほどゲームに没頭する事態を指すが、そもそも依存には多角的な要因があり問題を一つに絞ることはできない。また、「ゲーム依存症」なるものの社会的な成り立ちをふくめて、慎重に議論する必要がある。

参考文献

東浩紀『動物化するポストモダン――オタクから見た日本社会』（講談社、２００１）

Berger, Peter L., 1967, The Sacred Canopy: Elements of a Sociological Theory of Religion, New York: Doubleday & Co.（ピーター・L・バーガー、訳・薗田稔『聖なる天蓋』新曜社、１９７９）

Caillois, Roger, [1958]1967, Les Jeux et les Hommes (Le masque et le vertige), Paris: Gallimard,（ロジェ・カイヨワ、訳・多田道太郎・塚崎幹夫『遊びと人間』講談社、１９９０）

Huizinga, Johan, [1938]1958 Homo Ludens: proeve eener bepaling van het spel-element der cultuur, Haarlem: Tijeenk Willink & Zoon.（ヨハン・ホイジンガ、訳・高橋英夫『ホモ・ルーデンス』中公文庫、１９７３）

（はしさこ・みずほ）１９７９年、大分県生まれ。立教大学大学院社会学研究科社会学専攻博士課程後期課程修了。立教大学社会学部他、兼任講師。専攻は宗教社会学、文化社会学、ジェンダーとスピリチュアリティ。また、ライトノベルやゲーム、マンガなどのサブカルチャーについても研究している。著書に『占いをまとう少女たち――雑誌「マイバースデイ」とスピリチュアリティ』（青弓社、２０１９）、『妊娠・出産をめぐるスピリチュアリティ』（集英社、２０２１）がある。

デジタルヘヴン

原作　宮本道人
マンガ　ハミ山クリニカ

2055年X月X日
駆け出しのデジタル民俗学者である私は
奇妙なゲームの噂を聞いて人里離れた廃村へ向かった
この辺りはお墓ばっかりだなぁ
ギギ…
!
ホコリまみれ
カチ…
デジタルヘヴン…
digital heaven.exe
ヴヴ…
デジタルヘヴン
START!
ようこそゲストさん
キィィィィン…

ヴン…
これが私のアバターかな？
キャラがたくさんうろついてる…
こんにちは！
何してるんですか？
こんにちは！
巨大マシュマロに顔を埋めて窒息死するとこだよ
ぎゅ
ウッ…
え…？
ちょっと！
ピ…
STATUS DEAD
死っ…
null
消えた…？
ヴ…
わっ出た！
またダメだった…
次は花の茎で首を絞めてみようかな…
どうしてこんなことをしてるんですか…？
僕たちは死んだままでいられる死に方を探してるんだ
この世界では死んでもすぐに生まれ変わってしまうから…

20年前　僕たちはゲーム世界にコピー人格を作るサービスに加入した
現実とは違って毎日が刺激的で本当に楽しかった
でもある時運営会社が倒産したんだ
character.dat
それ以来この世界は何ひとつ変化しなくなった
20年も同じ日々の繰り返し…
時が経つにつれ君のような来訪者アバターも来なくなった
2045年の特大ニュース
ネット不通！アップデートなし！現代の地獄
倒産したデジタルヘヴン
ゲーム世界を放置
彼らの多くは死ぬ直前に契約しており、すでにコピー元の人間は全員死んでしまっていた。
つまり、助け船を出してくれる人間が現実世界にいないのだ。
コピー人格を救済する社会の仕組みが求められている…
そんな…コピー人権センターに連絡しましょうか？
あなたたちのコピー人格データを外部に書き出したりできないのかな…
…いや、結構さ
僕たちは慣れ親しんだここが好きなんだ
この世界の中でみんなで死んで墓に入りたい

ゲーム外に実体が存在するキミに試してほしいことがある
僕たち自身ではできないことなんだ
まず僕たちのデータを検索して
デスクトップのゴミ箱に入れようとしてみてくれ
あった
character.dat
character.dat
削除しますかと出てきましたが…
ポン
ファイルサイズが大きすぎて、ゴミ箱に移動できません。
完全に削除しますか？
はい
いいえ
※これを行うと、データを元に戻すことはできなくなります
やはりな…
この作業を一年後ふたたびやりに来て欲しいんだ
1
一年後？なぜ…？

僕たちはこれから一年かけて食事を減らし行動も最小限にし
ある段階で穴に籠もる
すると体内の消化プロセスや行動データのキャッシュがほとんどなくなり
僕たちのファイルサイズは最小になる
このタイミングでキミが来訪し先ほどと同じ作業を行えば
データを削除せずにゴミ箱に入れられるかもしれない
そしてデータがゴミ箱に入っている限り
僕たちは死んだままでいられるだろう
一本あげる
どうも…
…ゴミ箱に入ることが目的なのであって
完全に削除されたいわけではないんですね
…僕たちは人間だったころみな高い金を出して墓を買った
骨をどこかにばらまかれたくなかった
それと同じことさ
もはや電子体の僕たちには意味がないかもしれないが
きちんと死んで墓に入りたい
厚かましい願いだがどうか引き受けてくれ…

一年後
character.dat
ポン
ファイル「 character.dat 」をゴミ箱に移動しますか？
はい
いいえ
カチ…
パシュ
デジタルヘヴ
START!
おかえりゲストさん
キイイイーン…

キミがこれを読んでいるということは、
僕たちは墓に入れたのでしょう。
永遠の繰り返しを断ち切ってくれたキミに、心より感謝します。

きっとこのハードディスクは最初からすでに墓だったんだ
パヤー…
あの実体を持つ墓群のどこかに彼らのコピー元のヒトの墓もあるのかな
いつか私も墓に入りたくなる日が来るんだろうか
墓

デジタルヘヴン

原作・宮本道人
科学文化作家、応用文学者。博士（理学、東京大学）。筑波大学システム情報系研究員、株式会社ゼロアイデア代表取締役。科学・文学・社会の新たな関係を築くべく、研究・創作・ビジネスに取り組む。編著『ＳＦ思考』『ＳＦプロトタイピング』『プレイヤーはどこへ行くのか』。原作担当マンガ「Her Tastes」が国立台湾美術館に招待展示。ＡＩ学会誌、ＶＲ学会誌、ダイヤモンド・オンラインで連載、『ユリイカ』『現代思想』『実験医学』に寄稿など。

マンガ・ハミ山クリニカ
マンガ家・イラストレーター。既刊『心の穴太郎』『汚部屋そだちの東大生』ほか。新連載準備中。

5章

意思決定

医療の現場に生じる多様な選択肢

出産から延命治療に至るまで、医療技術の発展はわたしたちに多様な選択肢をもたらすようになった。その結果、いま生と死に関わるあらゆる意思決定が、一人ひとりの選択に委ねられている。だが、自分の生き死にを自分ひとりの意思で決めることは本当にできるのか、よりよい選択のありかたとは何なのか。先端テクノロジーにおける生命倫理や医療現場のいまを知る識者に話を聞いた。

科学が変容させる死生観と倫理の境界

小門穂（生命倫理研究者）

聞き手：高橋ミレイ
文：福田ミホ

医科学技術やバイオテクノロジーの進歩に伴い、人間が自分の意志で出生から延命、さらには老化防止すらもコントロールしようとする時代が訪れようとしている。これまではタブーとされていた人の生き死にという領域に科学技術が介入するとき、わたしたちの死生観や生き方はどのように変化していくのか。生殖技術に関わる倫理について研究する生命倫理研究者の小門穂に話を聞いた。

増え続ける不妊治療、生殖補助医療の発展といま

――小門さんがこれまで携わってこられた研究と、いまフォーカスされている研究について、ご説明いただけますでしょうか。

小門 穂（以下、小門） 新しい医科学技術が社会にどのような影響を与え、どう受け入れられていくのか、受け入れるにあたってどのような制度をつくるのかに関心があります。特にフランスの生殖補助医療のルールと、規制がつくられる背景を考えてきました。最初にそこに関心を持ったのが、大学4年生でフランスにいた1999年、ちょうどPACS法（＊1）という法律がフランスで成立したときのことでした。

当時の法務大臣が「これは屋根とベッドを共にする二人の大人のための法律です」と説明していました。つまり同居カップルのための法律です。当時フランスでは異性カップルしか結婚が認められていなかったのですが、PACS法は同性のカップルも対象とするものでした。ただし同性カップルはPACS法の対象ではありますが、子どもをつくることは別の法律によってできない。それが「生命倫理法」（＊2）と呼ばれる法律でした。そこから、生殖補助医療を使って親になれるかどうかを決める権利はなぜ国にあるのか、その枠組みに入れ

＊1　1999年11月15日に、異性あるいは同性の自然人たる二人の成人による共同生活を組織するために行われる契約（PACS：民事連帯契約）を可能にするために制定された。

なかった人たちは一体どうしているのかなどに関心を持ったのが始まりでした。

最近は特にLGBTと生殖補助医療制度の研究、そこから派生してトランスジェンダーの方の法的な性別変更の制度に関心を持っています。というのは、日本では法的に性別を変更するためには生殖能力を失うことが求められますが、それがいいのかどうかがとても気になったんです。フランスでは2016年に、もとの性別での生殖能力を失わなくても性を変更できるようになっています。ただそうすると、法的には男性である人が子どもを産んだり、法的には女性である人が別の女性を妊娠させたりするということが可能になります。それが「親」という概念をどう変えるのかということにも最近は関心を持っています。

フランスでは2021年8月2日に生命倫理法が改正・公布されたところです。いままでは異性のカップルだけが生殖補助医療を使えるというルールでしたが、今回の改正で女性カップルとシングル女性も精子提供を受けられるようになりました。法改正の過程で議論になったのは、女性カップルの一人が精子提供を受けてカップルの間の子どもを産むときに、そのパートナーの女性と生まれた子どもとの関係をどうつくるかということです。従来は、パートナーの女性と生まれた子どもの間で養子縁組をすれば母子関係を構築できるというものでしたが、今回の法律では養子縁組ではなく生まれる前の「共同認知」という形式で母子関係を構築できるようになりました。となると、いままでは「産んだ女性が母であり、産んでいない女性が母になる場合は養子縁組」という手続きが必要でしたが、今後は第3の母子関係をつくる仕組みができつつあり、母子関係の変化が起こっていることに注目しています。

——日本は少子高齢化が進んでいて、不妊治療などの生殖医療が国策としても推進される方向にあると思いますが、日本国内における生殖医療の現状や課題について教えてください。

小門　日本は不妊治療の普及がとても進んでいます。国際介助生殖医療モニタリング国際委員会（ＩＣＭＡＲＴ）の不妊治療実施数の調査によると、２０１６年の体外受精や顕微授精の実施数は、日本は中国に次いで世界で2番目に多いのです。ただ不妊治療が普及しているわりに第三者からの精子や卵子の提供がかなり少ないという指摘もあります。

それもそのはずで、日本で第三者からの卵子提供を実施しているクリニックは全国に6ヶ所しかなく、提供者も不妊患者の姉妹や親戚であるケースがほとんどです。特に30代後半から40代にかけての女性の場合、欧米では卵子提供がひとつの選択肢になっていて、その卵子も血縁のない第三者から提供を受けるケースが多いのですが、日本はそうではないため、自己卵子で不妊治療を続けざるを得ない状況があります。

課題としては、実施数が多いのに法的制度がきちんと整備されていなかったことがありますが、２０２０年末にやっと「生殖補助医療法」が成立しました。そこでは精子や卵子の第三者提供を受けて生まれた子どもと、提供を受けた親との親子関係について民法内の特例がつくられました。ただこの法律では当事者の保護にあまり触れておらず、たとえば第三者提供で子どもが生まれた場合、その子どもが自分の精子・卵子提供者についての情報を知る権

＊2　生命倫理法（フランス）１９９４年に成立。人工生殖など生命倫理の問題に対する規制。人体尊重法、移植・生殖法、記名データ法の三つの法律によって構成される。

利などは書かれていません。また提供者の保護に関しても「生まれた子ども側から提供者に対し、親子関係を請求できない」といったことも特に明記されていないのですが、わたしは明記が必要ではないかと考えています。提供者についての情報を知る権利は保証するべきだと思いますが、それと親子関係をつくることは別ではないかと。

――精子や卵子を親族以外の方から提供してもらうケースでは、自分の子どもだという実感を持てなくなることを心配する方もいそうです。

小門　日本であまり普及しない理由は、それが大きいのかなと思います。養子縁組や里親・里子に関しても日本はあまり積極的ではないこととも関わってくるのではないでしょうか。アメリカでは日本より養子縁組の数が多いですね。一部だけでもそのカップルの遺伝的要素が入る子どもをつくることが重視される傾向が日本で進んだのは、生殖補助医療の普及とも関係があるのではないかと思います。

つまり、そうした技術の発展によって、養子よりも、精子や卵子提供を受けるほうを選ぶ人が増えたということです。フランスでも養子縁組は比較的多いのですが、最近ピルのような避妊技術がかなり普及し、人工妊娠中絶も合法化されたことなどの影響により、望まれない子どもの妊娠が減ったことで、結果的に養子縁組対象の子どもも少なくなっていると言われています。フランスは国際養子縁組の受け入れ国として、世界で5番以内には入ると思いますが(1)、養子を希望する人の待機期間がかなり長くなっています。卵子提供に関しても、現時点で2年はかかると言われていますが、隣のスペインでは卵子提供者に謝金を出すので提供者が見つかりやすく、お金を出せる人はスペインに行ったりしています。そのように、不妊の人が子どもを持ちたいと思ったときに、国内または国外での養子、あるいは国内または国外での卵子提供による妊娠という選択肢があり、一番早い方法を選ぶという発想になっているように見えます。

――EU加盟国それぞれの法律で大きな違いはあるのでしょうか。

小門　はい、生殖補助医療については国ごとにかなり違いがあります。それは、宗教や歴史的な経緯による影響が大きいと思います。かなり厳格なのがイタリアですが、それはバチカンを抱えているからだと説明されています。またドイツも、受精卵を選ぶということについてはかなり厳格なルールを持っていて、それは優生思想やナチス思想への警戒が強いためだと見られています。フランスも、法制度をつくるときにカトリック的な考え方が根底にはあるように見えます。なのでフランスの生殖補助医療制度にも、ヨーロッパのなかではかなり厳格で、あまりオープンではありません。

――出生前診断が普及することによる倫理的課題はどのようなものがあるでしょうか。

小門　一番大きいのが、「病気や障害がある存在は生きる資格がない」というような見方が広まってしまうことだと思います。欧米では出生前診断を受けるかどうかはその女性やカップルの自己決定権にふくまれるという考え方ですが、日本では以前から出生前診断に関して積極的ではなく、そこには医療のパターナリズム（＊3）の問題もあるように感じています。

日本では2013年、胎児の染色体異常を調べるためのＮＩＰＴ（非侵襲的出生前検査）の導入にあたって、出生前診断の議論が進みました。「非侵襲的」とは、簡単に言えば患者の体への負担が少ないという意味で、ＮＩＰＴに関しては妊婦の採血だけで検査が可能であり、妊婦のお腹に針を刺す羊水検査との対比でこう呼ばれています。

はじめは認可施設で遺伝カウンセリングを受けた人がＮＩＰＴを受けられるというルールでしたが、その後無認可施設でもよいことになりました。ＮＩＰＴの前には羊水検査や母体血清マーカーという検査が実施されていましたが、母体血清マーカーは羊水検査に比べて簡単にできるので、導入時には「これが広まっていいのか」という議論がありました。その後、母体血清マーカーが始まって数年後の1999年には、当時の厚生省から、母体血清マーカーについて医師から妊婦に積極的に知らせる必要はないという見解が示されました。

＊3　強い立場にある者が、弱い立場にある者の利益のためだとして、本人の意志を無視して意志決定を行い介入や干渉、支援をすること。日本語では父権主義、温情主義と訳される。

どこからが生命なのか

――日本では、身体に関わることはできるだけ「自然のままがいい」といった考え方が強い気がします。たとえば、出産時の無痛分娩なども疑問視されがちです。

小門　特に出産に関することはその傾向が強く見られ「無痛分娩は楽をしている」というような見方もされますね。帝王切開より経膣分娩、ミルクより母乳が良いという価値観がありますす。そのためか、産む側のチョイスとして診断をして判断するといった余地をあまり認めない傾向があったと思います。こういったことから、出生前診断に関してもパターナリズムが影響している可能性があると思いました。

――とはいえ優生思想への懸念は、どこの国でもいずれにせよ出てくる問題かと思います。たとえば実際に障害を持っている方から非難されたり、具体的に議論や裁判になったりする事例はあるのでしょうか。

小門　フランスにはダウン症の研究をしていたジェローム・ルジューヌ氏の遺志を継いで設立されたジェローム・ルジューヌ財団という団体があり、障害者の、特にダウン症の人の権利を擁護する活動をしています。この財団が、受精卵はすでに人間の生命だとして、受精卵を使う研究に対しての裁判を何件か起こしています。フランスではそういった研究はルールに則って実施していますが、輸入されたＥＳ細胞株のトレーサビリティが保証されないという理由で研究の許可が取り消されたこともあります。財団は、研究が倫理観を超えて行き過ぎないよう歯止めをかける意味で裁判を起こしているようです。

——どの時点から生命だとみなすかについては、国によって違いはありますか。

小門　国によっても、宗教によっても違ってきます。たとえばカトリックやキリスト教は受精の瞬間から人として見ていて、フランスで生命倫理法ができた1994年の議論でも、カトリック系の議員は、受精卵を使う研究を抑制すべきだと主張していました。それに対して、「カトリックの価値観だけにもとづいた法をつくるべきではない」という批判もすぐに出ましたね。着地点としてフランスは、「人間はその生命の始まりから尊重される」という文言を法律のなかに入れたのですが、その始まりがいつか、とは明言しませんでした。明言してしまうと、中絶ができなくなったり、受精卵の研究も難しくなったりするためです。そのため明言はしないが尊重するという、かなり政治的な、曖昧な表現を選択することで解決したという過程があります。

日本では生命の始まりのことを「生命の萌芽」と呼んでいるのですが、それは法律上ではなく、日本学術会議の報告書や厚労省の委員会などで使われる表現です。日本では、人間としてフルの権利を持つのは受精卵でなく、生まれた後です。ただ人工妊娠中絶ができる期間が定められているのは、妊娠している間の生命を保護する観点からでもあるので、生まれる前の生命がまったく保護されていないわけでもない、と言えます。

生命がデザイン可能な時代の死生観

——近年バイオテクノロジーの発展はめざましく、たとえばCRISPR/Cas9のようなゲノム編集ツールを使ったデザイナーベイビーが中国で産まれたとも言われます（＊4）。そうしたこともふまえて今後の死生観はどう変わっていくと思われますか。

小門　一番大きいのが、命や人間は偶然生まれてくる「授かりもの」という考え方から、人の意志で完全にコントロールできるもの、選び取るものという考え方になるなど、人間の存在に対する見方が変わっていくことだと思います。

また、新しい技術の恩恵を受けられるのはまず先進国ですから、自身でコントロールできる人たちとできない人たちに完全に分断されるのだろうと思っています。コントロールができる人たちがそうしたゲノム編集ツールのような手段を、よりよく使いこなしていく一方で、まったくその恩恵にあずかれない集団が出てくるのかなと思います。

——いわゆる南北問題による影響が生じるということですね。

小門　はい。また同じ国のなかでの貧富の差もあると思います。それはリプロダクティブ・ライツ（＊5）にも関わってくる問題です。たとえば第三者の女性に子どもを産んでもらう行為、いわゆる代理出産は非常に深く南北問題に関わる話になり、産む側と産ませる側ではっきり経済格差があらわれてしまいます。そこには「第三者の身体を使ってでも自分の子どもをつくる」側の権利という観点と、産まされる側の権利という観点があり、そのような意味でリプロダクティブ・ライツという言葉の意味も分断されてしまいます。

――出生のみならず寿命や人間の体をより自在にコントロールできるものととらえる考え方も出てきています。デビッド・A・シンクレアの『LIFESPAN（ライフスパン）―老いなき世界』（＊6）では、老化は病気と同様に治せるものになると提唱して話題になりました。

小門　老化や死も、それをコントロールできる人と、自然の経過を受け入れざるを得ない人にやっぱり分かれていくと思います。ただわたしは、そもそも老化や死をコントロールできると思ってしまっていいのだろうか、という思いが強いです。そういった技術や治療も、先ほどの CRISPR/Cas9 の話と同じように、享受できる人とそうでない人に分かれていくように思います。

――倫理的には今後どういう議論になっていくのでしょうか。

小門　一番近い時点で起こりそうな話として、そのような老化を治す研究を誰に対してするのか、人間に試していいのかといったところが、まずは問題になると思います。いま生きている人間に対してか、受精卵に対してかによっても違う議論になるかもしれませんが、まず誰に試すのかが最初の問題ですね。

――産むことに関しては医療技術の発展である程度コントロール可能になってきたのかもしれませんが、アンチエイジングのような技術に関してはそもそも技術として発展できるのか、できるとしたらどれだけ投資がなされているのか、そして倫理的な課題を指導する側がどうストップをかけ、どのような法制度ができていくのかという疑問があります。

小門　確かに抗老化や長寿エンハンスメントといったテーマに研究費が動いているという話は聞きます。アメリカでは、ＮＩＨ（国立衛生研究所）内のＮＩＡ（National Institute of Aging）という組織が老化や寿命の研究に対する研究費の配分をしていて、２０１６年の予算は

＊4　中国の南方科技大学生物学部の准教授、賀建奎が2018年11月に動画共有サービスでゲノム編集技術CRISPR/Cas9で遺伝子改変をした受精卵から双子の女児を誕生させたと公表。中国国内および海外からも批判を受け、2019年末に懲役3年の実刑と罰金300万人民元の判決を受けた。

＊5　性と生殖に関する健康と権利。中心的な課題として、女性が子どもを産むか産まないか、いつ何人産むかを選ぶ自由や、心身共に安全で満足のいく性生活を享受すること、安全な妊娠や出産、子どもが健康に生まれ育つ環境を整備することなどをふくむ。

＊6　デビッド・A・シンクレア『LIFESPAN（ライフスパン）―老いなき世界』（東洋経済新報社、2020）。新しいテクノロジーや、食事や運動および断続的な絶食などをふくむライフスタイルの変化によって、人間の寿命および健康寿命を延ばす可能性について考察している。

1億8400万ドルだそうです（2）。日本でも、2016年に文科省の審議会（科学技術・学術審議会ライフサイエンス委員会基礎・横断研究戦略作業部会）で老化研究の重要性が指摘され、2017年に、年間約13億円の予算で、AMED（国立研究開発法人日本医療研究開発機構）では、老化メカニズムの解明・制御プロジェクトがスタートしています。単に寿命を延ばすのではなく、元気に活動できる時間を延ばすことが目指されているようです。

重要なことは、恩恵を受けられるのは誰か、ということだと思います。限られた人だけが恩恵を受けて元気に長生きできて、そうではない人は安楽死を選ばねばならないという状況が生じてはならない。抗老化の研究の発展をみんなが享受できるにはどうすればよいかを、社会全体で考える必要があると感じます。

――アメリカのように卵子提供や出生前診断といった技術が身近に普及してくると、不老不死までいかなくても、老いから逃れる技術を、たとえば美容整形をするくらいの感覚で取り入れることが起きてくるのではと想像しますが、いかがですか。

小門　まず人間に生や死をコントロールしたいという思いがあり、「死」のほうをコントロールする方法として出てきたのが安楽死なのだと思います。これから産むことをコントロールする方法もスタンダードになってきたら、それが延長されて老いをコントロールするような状況も起こってくると思います。

――欧米には安楽死を支援する活動家もいますが、そういった動きはあまりアジアでは聞かない気がします。やはり西洋のほうが自然を理性によってコントロールしたいといった考え方が強いのでしょうか。

小門　確かにアジアのほうが自然重視の傾向にある気はします。後は自分のことを自分だけでコントロールするのを重視するか、家族やその地域のコミュニティなどの価値観に沿って動くことを重視するのかという違いもあるように思います。

――死をコントロールする技術として、一つはアンチエイジングがあり、もう一つは安楽死があるということですね。それを技術だけでなく法制度という観点で見ると、たとえば日本では安楽死は自殺幇助《ほうじょ》として違法だとみなされますが、今後に向けて、どのような議論がされているのでしょうか。

小門　日本では、積極的に死なせるということに関しては多分90年代からそんなに動きはないと思います。どちらかというと、ムダとされるような延命治療をいつやめるかという議論のほうが活発ですね。2020年には厚生労働省が、人生の最終段階について家族や医療者と話し合って記録に残す「人生会議」を提案して、著名タレントを起用して認知向上施策も行うなど、自然な老化や死に向き合うための準備という側面は整えられてきた印象です。ただ日本は基本的に終末期も生殖医療も、あまり法律でばしっと決めたくないところがあり、法制度よりもガイドラインや現場に委ねる傾向があります。

――これから生や死に関して選択肢がさらに増えていき、選択する側がメリットやデメリットを理解して判断の責任を負うことになります。それが負担感や孤独感、迷いや苦悩といったものにもつながっていくようにも思います。

小門　まさに選択肢が増えたことが悩みのもとになっていると言える技術が、卵子凍結です。もともと卵子や精子の凍結は、生殖能力に影響を与えるがん治療などを受ける前に行い、治療後子どもをつくろうとするときに使うための技術でした。それがいま、特に卵子に関しては、若いうちに凍結しておいて、パートナーができて子どもをつくりたいと思ったときに使う、という考え方が議論されています。

ただ、その技術を利用する側がどういう情報をもとにして判断するのか、また卵子凍結自体はまだ実施数が少なく、何歳のときに何個採卵すれば子どもができるのかもはっきりとはわかっていないなど課題も多くあります。それでも多分、現在30代前半ぐらいの女性が、「いま取っておかなかったら10年後に後悔するかもしれない」という思いで、数十万円かけて保存するかどうかの決断を迫られているのだと思います。個人的にこの卵子凍結に関しては、選択肢が増えたことで幸せをもたらしたというより、むしろ迷いを増やしているだけではないかと思っていました。

ではどうしたらいいのかというと、まず実施する側が情報をきちんとシェアすることだと思います。たとえばいま、卵子を何個保存したら将来どれくらいの確率で子どもができるのかとか、高確率といっても100％ではないとか、そうした細かなデータまで明らかにすることです。それだけで負担感は減らないかもしれませんが、一部の人だけが情報を得られるのではなく、フェアに手に入れやすい状態で情報を出していくことくらいしか、いまはできないのかなと思います。

――選択肢が増えると、それぞれ選択した人の立場が多様になりすぎて、孤立したり、お互い批判しあったりすることにもつながります。たとえば終末医療に関しても、ネット上で「胃ろうは非人間的だ」といったバッシングを見かけます。一方で、延命治療を打ち切ったりすると「家族なのに薄情だ」といった批判を受けることもあります。フランスなどは、お互いに「違う」ことを当然と受け止める風土があるように思いますが、実際はどうでしょうか。

小門　フランスの場合、「この立場の人はこうふるまうべき」という役割観が日本ほど強くなく、個人の選択が重視されるのだと思います。胃ろうにしても、その本人の選択がもっと尊重されているのだろうとは思います。

――誰の意思で選択されるのかという点で言うと、たとえば認知症の方などは家族がすべて決めてしまう状況なども想像できます。また、もし日本で安楽死が導入されたら、「自分が家族の負担になっているから死を選ぶ」という人が出てくるかもしれません。コミュニティに沿う価値観が当然とされる社会のなかでは、個人の意思決定そのものが成立しうるのかも疑問に思います。

小門　はい、「自己決定」というときの「自己」とは自分ひとりだけではないという考え方が、最近は生命倫理のなかでも認識されるようになっています。「わたし」が何か決めるときに「わたし」ひとりで何もないなかでポツンと決めているのではなく、その家族や周囲の人との網のなかの自分が決めている、という視点が大事だと認識されているところです。

一方でいまおっしゃった、日本で安楽死を認めたら「自分は家族の迷惑になっているから死んだほうがいい」と考えて安楽死するケースが増えてしまうことについては、わたしもとても心配しています。それが先ほどの、「自分で決めなきゃいけない」という負担感ともつながってくるのかなと思いますが、何を選んでもちゃんと受け止めてもらえる社会であることも非常に大事ではないかと思います。

――「自分の選択が受け入れられる」という安心感はどうしたら醸成されていくのでしょうか。

小門　たとえば出生前診断もそれと関係あると思います。出生前に障害があるとわかった場合、産むか産まないかの選択は、同じ重さではないですよね。障害を覚悟して産むことにはすごく勇気がいるし、その後どうなるかわからない不安があると思います。そこでは障害を持った家族の実態を知る手立てや、またはそういった家族の生活のサポートがもっとあるといいと思います。たとえば障害児のケアのために母親が仕事を辞めるのではなく、仕事を続けながら、社会からのサポートもあって育てられるといった状況が整ったうえで提示される選択肢であれば、選ぶ側の負担もだいぶ変わってくるのかなと思いますね。

――障害のある人やその親は、公的サポートを利用すると「制度にただ乗りしている」と言われたり、子育ての苦労を語れば「自分でわかっていて決めたはずだ」と言われたり、時に心ない世間の目にさらされがちです。

小門　生まれてくる存在をコントロールできるように見てしまうことの問題の一部は、まさにそれだと思います。「産まれてくる子どもの病気はある程度調べておくものだ」という風潮が広まると、「それでも産んだのだから自己責任」という発想が生まれる可能性もあります。

命や生、障害に対するとらえ方は人それぞれであり、また障害は先天性だけではなく後天的な病気から生じることもあるなかで、何でも自己責任になってしまうのではと懸念しています。すぐに解決策や答えを出すのは難しいかもしれませんが、お互いに寛容になり、それぞれの選択を責めずにいられるような社会になればと思います。

――最近では、人生100年時代のロールモデルがないことに不安を抱く高齢者の方がとても多いそうです。生まれ方も死に方もロールモデルがない時代の死生観は、身体感覚や生命倫理といった視点から見て、どんな方向になるのがいいとお考えですか。

小門　新たなロールモデルをひとつ求めるというよりも、もっと小さいコミュニティの範囲で考えるのがよいかもしれません。小さいコミュニティとは、地理的なコミュニティというよりももっと狭い、家族・親しい友人くらいの範囲です。その範囲で、自分はどうしたいかを考えなくてはいけないと思います。いまはマスにとってのロールモデルはすでに存在しえない時代です。たとえばオンラインでは多くの人がＳＮＳなどで大きなコミュニティを形成していますが、それよりも小さなコミュニティでアイデンティティを使い分けたりセーフゾーンをつくったりすることで、それぞれの人が自分に合ったコミュニティをつくって区切っていくことが重要かもしれません。

後注・出典

1　Mignot, J. -F., 2015, L' adoption international dans le monde: les raisons du dEeclin, Population & sosiété, No. 519

2　藤川良子「老化研究に大きな予算」Natureダイジェスト、vol.13/No.9（2016、P26）

（こかど・みのり）神戸薬科大学薬学部准教授。大阪府泉大津市出身。大阪教育大学教育学部卒業、京都大学大学院人間・環境学研究科修了。博士（人間・環境学）。立命館大学生存学研究センター専門研究員、大阪大学医学系研究科助教などを経て、2020年より現職。生殖技術に関わる倫理、特にフランスを中心とする生殖補助医療の規制とその理念、生殖ツーリズムなどについて研究している。

死に直面する医療と意思決定のゆくえ

尾藤誠司（医師）

聞き手：塚田有那、高橋ミレイ
文：宮本裕人

ＡＩによる診断や健康管理などが可能になるとき、医療はどのように変わるのだろうか。そして自分や家族が余命を宣告されたとき、わたしたちは何を考え、どのような道を選ぶのか。終末医療、延命治療など個々人のさまざまな選択が求められる医療現場において、「意思決定」のプロセスをテーマに探求してきた尾藤誠司に話を聞く。

人は移ろいゆく存在

――まずは、尾藤先生の普段の仕事内容について教えてください。

尾藤誠司（以下、尾藤）　独立行政法人国立病院機構の東京医療センターに内科医として長く勤めています。東京医療センターでは高度な医療を提供するとともに、「プライマリーケア（＊1）」と呼ばれる医療への最初のアクセスを大事にする医療モデルを30年前から提示しており、わたしもプライマリーケア内科医として働いてきました。

プライマリーケアの世界は、ロジカルな医療の世界とは異なり、客観的な正論だけではなかなかうまくいきません。たとえば、「頭が痛い」という人が外来に来たとしましょう。ほとんどの場合において、頭が痛いという人の脳には何も問題はないわけです。

しかし、「問題ないですよ」と医者が正論を言ったところで、本人の不安は払拭されない。つまり、単にロジカルな正解だけを提示していればいいわけではないんですね。そのため具合の悪い人がいらっしゃったときには、それぞれの患者の考え方やライフステージにおける健康観を聞きつつ、一人ひとりに合ったサービスを提供する必要がある。そこがプライマリーケアの面白いところだと感じながら、ずっと医者をやってきています。

――尾藤先生はプライマリーケアのなかでも「臨床における意思決定」を研究テーマにされてい

ます。どのようなきっかけでそのテーマを選ばれたのでしょう?

尾藤　わたしは1990年に医師になりましたが、ちょうど90年代初頭にアメリカを中心に、「いかに患者自身の意志を尊重しながら難しい意思決定をするか」という議論が盛り上がりました。「リヴィングウィル(*2)」という言葉が出てきたのもその頃で、たとえば「わたしがもし寝たきりになったら延命治療はしないでください」といった手紙を一筆書いておくというものです。実際にカリフォルニアでは1990年に「Self-Determination Act(*3)」と呼ばれる法律ができました。これは患者が入院する際に、治療方法は患者自身の意志によって選択できるということを病院側が患者に伝えなければいけないという法律です。1995年にUCLA(カリフォルニア大学ロサンゼルス校)に留学したのですが、そのときのメンターがエンド・オブ・ライフ研究をしている人だったこともあり、果たしてリヴィングウィルのようなやり方が本当に機能するのか、ということに興味を持つようになりました。たとえば、余命6ヶ月~1年と宣告された人々の意思決定について調べた「SUPPORT研究」と呼ばれる有名な研究がありますが、そこでわかったのは、人間は移ろいゆく存在

*1　患者と継続的なパートナーシップを築き、家庭や地域のなかで責任を持って診療する臨床医によって提供される、総合性とアクセスのしやすさを兼ね備えたヘルスケアサービス。
*2　対象者の意思を記した事前指示書。生前に行われる医療行為については延命治療の可否など、死後であれば葬儀の方法や臓器提供の可否などを対象にするケースが多い。
*3　1990年に制定。病院や老人ホーム、在宅医療機関などの組織に対して適用され、患者の意志決定の権利と医療機関が認める範囲での「事前指示書」の有効性を保障することを義務づける。

であるということです。一度こうしようと決心したはずが、一晩経つと「あれ、おかしいな」と考え直したり、半年経ったら価値観が大きく変わっていたりします。人間は、そうした移ろいのなかで生きていることが研究によって改めて明らかになってきたんです。

Self-Determination Act のような行政側の決定がなされたときに、それが現場においてどのように機能するかについては、私たち医者側からエビデンスを出していくことが大事だと思いながら、1997年に帰国しました。それから20年以上、エンド・オブ・ライフにおける意思決定の研究をしながら、そのプロセスや現代における医師の役割、近年ではAI時代に医療現場がどのように変化していくべきかどうかに対して問題意識を持って活動しています。

医療現場の死から、在宅死への揺り戻し

――現在、医療における「死」とは、どんなものになっているのでしょうか？

尾藤　実は揺り戻しがかなり起きています。簡単に言うと、病院で死ぬ人の割合が少なくなり、在宅死が増えてきています。要因として大きかったのは、厚生労働省が訪問診療にも予算を増やすようになったことです。それによって訪問診療の選択肢が充実したことで、病院よりも在宅死を選ぶ人が増えることにつながったのだと思います。

10～20年前は病院で死ぬことが普通でしたし、その頃の「死」とは負けを意味するもので

した。さらに言うと、病院での死とは、医療者側の理屈にもとづいた死です。つまり、心電図の波形がフラットになることがすなわち「死」だったわけです。

いまでもおかしいと思ってしまいますが、おじいちゃんを看取る瞬間に、家族がみんなで心電図のモニターを必死に見ていて、瀕死のおじいちゃんはそっちのけだったりする現場をよく目にしました。そんな光景は絶対におかしいでしょう。おじいちゃんを見てあげようよ、とわたしは思いますが、それはそもそも一般の人たちが考える死と、医療現場における死がかけ離れていることを意味することでもあります。わたし自身は、死というものは「長いお別れ」だと思います。そしていま、病院でつくられる死から「長いお別れ」としての死というところに、社会全体として揺り戻しが起きているのかなという気がしています。

——延命治療やターミナルケアという言葉を聞く機会も増えてきました。そうした選択肢に対する人々の意識の変化はあるのでしょうか？

尾藤　実は「延命治療を望みますか？」という質問に対しての人々の意見は30年前からまったく変わっておらず、7割の人は寝たきりになったら延命治療を拒否したい、つまり尊厳死を選びたいと答えています。ただ、世間で使われる「尊厳死」という言葉は多分に幻想がふくまれていると思います。実際には「急変したときに救急車に乗らない」「入院して寝たきりになったとしても、チューブで栄養を摂らない」「人工呼吸器なしでは亡くなってしまう状況になったときに、人工呼吸器をつけない」あるいは「開始された栄養摂取や人工呼吸のサポートを中断する」などなど、そうした具体的事象をざっくりまとめたイメージとしての言葉が「尊厳死」なのです。

そこにはものすごく多くのバリエーションがあるにもかかわらず、それらをまとめて「尊厳死に賛成ですか？　反対ですか？」と聞くことはあまり役に立ちません。ですから、どんな状況になったときに何を望み、何を拒否したいのかを理解しておくことのほうが大事なわけですが、未だに医療者側も尊厳死というファンタジーを信じて物事を決めてしまっています。

また先ほど在宅死を選ぶ人が増えているという話をしましたが、当事者や家族にとっては「病院で死ぬか、家で死ぬか」という選択基準が圧倒的に大きいのも、本来考えるべきである、きめ細やかな選択肢が見過ごされてしまうトリックのひとつだと思っています。

――「病院に入院する」と決めた後でも、本来はさまざまな複雑な選択があるはずなのに、そこをすべて専門家に預けてしまっているということですね。

尾藤　そうですね。もうひとつ、意思決定のアジェンダのなかで課題とされているのは、一度選択をしたら、もとに戻るチャンスがなくなってしまうということです。たとえば病院に入ると決めてしまったら、その後は病院のなかでのオプションしか出てきません。逆に訪問診療と決めてしまったら、家のなかでできることしか考えてもらえないということです。

最も顕著なのは、俗に言う延命治療です。すなわち始めてしまったら「やめる」という選択肢がなくなってしまうのですが、本来はそんなはずはないのです。別に始めてからやめることを考えたっていいはずです。それは法的にも正当なことですが、一度その選択肢を選んでしまったら、その大きな道筋のなかでの微調整しか許されないような雰囲気になってしまう。それは、意思決定における大きなジレンマです。

中動態の意思決定

――尾藤先生は度々「変容する自己」という言葉を使われています。医療現場において、現在はどういうかたちでの意思決定がベストだと考えられているのでしょうか？

尾藤　歴史を整理してお話すると、当事者権利の擁護という考えができてから最初に生まれたのが「インフォームド・コンセント（ＩＣ）（＊４）」です。これは、決断の主体者は当事者＝患者であるという考えから成り立っているもので、専門家から自分の健康状態や取りうる選択肢、その選択肢の向こう側に何があるのかといったことをしっかり聞き、聞いたことを理解したうえで、患者自身が自分にとっての最善の手段を決めるというものです。ただ説明を聞くだけでなく、理解をしたうえで決めること、そして最終的に意思決定を行うのは患者本人であるという部分は、インフォームド・コンセントというコンセプトの素晴らしいところです。

ただ、このインフォームド・コンセントという言葉が間違って使われていることがあり、未だに病院では「医療者が患者にICする」という表現が頻繁に使われているんです。すなわち、医療者のなかには「決めるのは患者ですよ」と言いながらも、意思決定主体者は自分たち専門家であり、それに「うん」と言わせることがインフォームド・コンセントであるという考え方がまだまだ無意識レベルにはあるというのがわたしの理解です。加えて次の三つの問題点から、どうやらインフォームド・コンセントが必ずしも正しいわけではないということが歴史的にわかってきました。

一つ目の問題は、そもそもプロフェッショナルが選択肢を出していること。その時点で、プロフェッショナルはおそらくナッジ（＊5）をしているんですね。本当は70通りくらい選択肢があるにもかかわらず、とりあえず「手術をするのか、しないのか」という単純な選択肢を出すように、プロ側がある程度状況を整理した後から情報提供をしている。それによって、患者が治療のスタートラインに立つために必要な、自分の状態や選択肢に関する正確な情報の把握が阻害されるおそれが生じます。

二つ目は、プロセスのなかで患者や医者が変容しうること自体が考慮されていないことです。「手術をしよう」と決めた翌日に「やっぱり不安だ」と思うことは誰にでもあります。本来であれば、医者が説明をして、患者が不安なところを丁寧に聞いたうえで、医者がさらに追加の説明やエビデンスを提供しなければいけないはずです。そうした専門家と当事者のあいだの言葉のキャッチボールがなされるべきであるにもかかわらず、医療の現場における「インフォームド・コンセント」と呼ばれるものではそれを省略してしまっているんです。

言葉のキャッチボールの結果、当事者も専門家も考えや価値観が変わってくるかもしれない。しかし、インフォームド・コンセントは「医療者側も患者側も変化しない」という前提のなかで、患者に合理的な選択をさせようとする。そのプロセスにおいて、それぞれが変容することが無視されているわけです。

三つ目は、人間は「合理的な決断ができる」生き物だという前提で考えていることです。インフォームド・コンセントのコンセプトは、「独立したホモ・サピエンスは、十分な情報を与えられれば、自分にとってベストとなる合理的な選択をすることができる」という仮説にもとづいています。しかし、人というのはもっと悩んだり、配偶者や恋人に相談したり、猫に話しかけたり、日記を書いてみたり、いろいろなプロセスを経て思い悩むものです。現実には、そうやって悩みながら決断の物語が続いていくわけです。インフォームド・コンセントでは、こうした人の非合理性を無視しているところも批判されています。

そうしたなかで、これからはインフォームド・コンセントではなく「シェアード・ディシジョン・メイキング（＊6）」という考え方にしていきましょう、というのが現在の医療現場におけるスタンダードになっています。

＊4　医療従事者と患者とのあいだで、医療行為を受ける患者が、その内容について十分な説明を受けて理解したうえで患者自身の自由意志にもとづいて合意することを指す。

＊5　直訳は「ひじで軽く突く」という意味。行動経済学や行動科学の分野でよく使われる言葉で、人や集団が自発的に望ましい行動を選択するようにうながす仕掛けや手法を指す。

＊6　医療従事者と患者の双方が医学的な意思決定に貢献するプロセス。医療従事者は患者に治療法や代替法を説明し、患者は自分の意志や考え方などのバックグラウンドを伝えることで、最適な治療方法を選択する。

――それはインフォームド・コンセントとはどう違うのでしょうか？

尾藤　シェアード・ディシジョン・メイキングの最大の特徴は、患者側が医療者に情報提供をするところですね。インフォームド・コンセントではそのプロセスがなく、患者側は「イエスかノーか」「AかBか」と選ぶだけだったのですが、シェアード・ディシジョン・メイキングの場合、専門的な説明を受けた患者が、「私はこういうことを大事にしています」とか「こういうことが嫌です」といったことを医療者側に伝えます。そのうえで、「だとしたらこういう方法もあるかもしれませんね」と、医療者側がさらに選択肢や情報を提供していきます。

この変化によって、患者の知る権利を尊重するだけでなく、患者にとっての最善のエビデンスをそこに関わる全員で共有しよう、という考え方が生まれました。そのエビデンスには、専門家が持つ医学的なエビデンスはもちろん、患者が持つ価値観やコンテクストもふくまれます。それらを共有することで、患者の人生にとって素人である医療者は患者の価値観を、医療の素人である患者は医者の提供する選択肢を理解し合ったうえで、最善の決断をしていきましょう、というのがシェアード・ディシジョン・メイキングのコンセプトであり、現在の主流の考え方になっています。

さらにわたしは、その次の段階に行きたいと考えています。つまり、そもそも「個人が合理的な決断ができる」という前提を疑っていくということです。これからの意思決定は「決める」から「決まる」というスタイルに変わっていくべきだと考えているのですが、これは哲学者の國分功一郎さんが言うところの「中動態（＊7）」の考え方にも近いものだと思っています。個の輪郭というものは対話のなかでにじんでいくものです。患者に100％の権利と責任を押し付けるのではなく、意思決定のアジェンダに関わったすべての人に責任が発生していく。そうした考え方をシェアード・ディシジョン・メイキングのプロセスに取り入れていくというのが、意思決定のあり方に対しての現時点での私の提案になります。

——患者の価値観やコンテクストを共有するための方法として、尾藤先生は「アドバンス・ケア・プランニング（ACP）（＊8）」の重要性を説かれています。ACPが従来の意思の記録の仕方とはどう違うのかを教えてください。

尾藤　これまでのリヴィングウィルの残し方は、「何年何月何日の時点でのわたしの意思をここに書き留めておきます、これを尊重してください」というものでした。しかし研究の結果から、それが実は役に立たないことがわかってきました。人間の意志は、結局そのときになってみないとわからないし、時間が経てば人の考え方は変わってくるからです。

そこで、もう少し現実に即した意志の記録の仕方があるのではないかということで生まれたのが、「アドバンス・ケア・プランニング」です。ACPとはある時期に1回だけ行われ

＊7　「する（能動態）」「される（受動態）」といった二つに分類しきれない状態のこと。かつてインド＝ヨーロッパ語に存在していた動詞の態だが、國分功一郎『中動態の世界　意志と責任の考古学』（医学書院、2017）で注目されるようになった。

＊8　今後の治療や療養について、患者および家族と医療従事者が事前に話し合う自発的なプロセス。

るものではなく、その都度その都度、その人が生きていく、あるいはその人の人生がだんだん終わっていく過程のなかで、他者――すなわち、パートナーや子ども、ヘルスケアのプロフェッショナルたちと、今後に対する自分の考え方やいま自分が大事にしている価値観を話し合っていきます。そのようにして、時間の経過のなかで周りの人たちが当事者の考え方や価値観を理解していくことができます。

ここで大事になるのは、移り変わる当事者の考えを物語性を持って他者が理解していくことです。そうすることで、「きっとこういう状況であれば、この人はこういうふうに考えるだろう」という推察がより正確にできるようになるんですね。多くの場合、当事者本人が医学的に危機的な状況にあるときには、本人の意志を聞くことができません。ACPはそのときに「本人だったらどう考えるだろう」ということを他者が推察する手段にもなっています。

未来に「いいかげん」になること

――今後AIをはじめとした新しい情報技術が医療現場で使われるようになるにつれて、意思決定のプロセスにおいてデータやコンピュータが大きな役割を果たすようになってきます。そのときに、医療者側、患者側は、それぞれ情報技術とどのようなつきあい方をしていけばいいとお考えでしょうか？

尾藤　これまで「患者－医療者」という二者の関係だったものが、「患者－情報技術－医療者」という三者の関係に変わっていくと思っています。そうなると「患者と情報技術」「医療者と情報技術」という新たな関係性が生まれ、そのうえで「患者と医療者」の関係が再構築されるのだろうと思います。

これからの情報技術によって、患者ごとに個別化された最適解の提案と未来予測がものすごく精緻にできるようになります。そうなったとき15年後の診察室では、情報技術が患者側に提供できるものがたくさんあるはずです。たとえばクラウドに個人情報をアップロードしていくことで、医療者を挟むことなくそれぞれの患者に合ったガイドラインや処方をテーラーメイドするということも可能になってきます。

そうしたなか、客観的なことについては積極的に情報技術にアウトソーシングをしていくほうがいいとわたしは考えています。たとえば患者は自分で情報をアップロードして、クラウドに必要な処方を聞き、「わたしのＡＩが提案してくれたのでＭＲＩを撮りに来ました」と。そんなかたちでいいのではないかと思うのです。

一方で、専門家はこれまで以上に価値観やコンテクストに関わることが必要になるでしょう。患者が情報技術から「客観的なベストアンサー」を得られるようになったときに、当事者がそれを自分の考え方や生きてきた文脈に合わせていく手伝いをすることが、これからの専門家が担うべきサービスになっていくと個人的には考えています。そしてある一点でベストアンサーを出すのではなく、変容し続ける患者に寄り添っていくことが専門家に求められる新たなスキルであり、役割であり、責任でもあるのかなと思っています。

——以前のインタビュー（＊９）で、医者や弁護士などの専門家は「感情端末」になるとお話しされていたのがとても印象的でした。

尾藤　そうですね、「感情端末」という言葉は確かに面白い言葉だと思っています。わたしは人の「思考」とは問題解決能力としての「知能」と主観的体験としての「意識」の二つからできていると考えていますが、この意識の部分をいかにヘルスケアの専門家として支援していくかがこれからは求められていくのだと思います。

いままで「患者－医療者」の関係性のなかで医者がやっていたのは、診断、ゴールの設定、クライテリア基準、カテゴリー化、翻訳、アルゴリズム適用などでしたが、これらのことはＡＩができるようになってくる。そのなかで、これまでもヘルスケアの専門家がやってきたもののスキルとしてあまり認識されていなかったもの、すなわち、モデル化、共感的理解、欲望形成の支援、解釈の理解、意味の理解や類推といったものが、ＡＩ時代の医療者には求められてくるのだと考えています。

——情報技術が進化することによって患者側が持つべきリテラシーも変わってくるのだろうと思います。たとえば「死」に関して言えば、今後は自分の余命がどれくらいか、遺伝子的にがんになる可能性がどのくらいかがより正確にわかってしまうようになります。そうしたとき、患者側は情報技術とどういう距離感を持てばいいのでしょうか？

尾藤　今後、ホモ・サピエンスとして新たに獲得していかなければいけないのは、未来予測に対して自分の価値観をレーショニング（割り当て）する能力です。しかも、かなり細かな選択肢に対して自分の価値のレーショニングをしたうえで、自分にとって最もよい選択とは何だろう、ということを分析していく力が求められてくると思います。

もうひとつは、不安と折り合いをつける能力ですね。ＡＩというものは、漠然とした未来に対して精緻に予測をしようとします。たとえば「自分は３％死ぬかもしれない」とＡＩに言われたときに、その「３％の不安」に対応していかなければいけません。そういう意味で言うと、未来に対して「いいかげん」になる能力というのも大事だなと思います。未来なんかどうせいいかげんにしかやってこないので、そんなに未来のことをいろいろ言われても困るじゃないですか。だから未来について参照はしますが「未来よりもいまが大事」と考えながら不安と折り合いをつける力が必要になってくるのかもしれません。

自分の臨終って、ついつい「ひとつのポイント」のように感じてしまうものです。このポイントにコミットし過ぎてしまうと、大きなものに啓発され過ぎてしまうような気がするんです。だから、未来は適当っていうくらいの心構えのほうがいいのかなと思っています。死をポイントとしてとらえずに、生きることを「死んでいくプロセス」と考える。今日も死んでいくプロセスで、明日も死んでいくプロセスで、たまたま明後日死んじゃったと。そんな感じに死をとらえていくほうが健全なんじゃないかと、わたしは考えているんです。

＊9　「特別鼎談　ＡＩ時代の意志決定のゆくえ」『人と情報のエコシステム（ＨＩＴＥ）冊子Vol.04 人間観と社会をアップデートする』

（びとう・せいじ）１９６５年、愛知県生まれ。岐阜大学医学部卒業後、国立長崎中央病院、国立東京第二病院（現・東京医療センター）、国立佐渡療養所に勤務。１９９５〜１９９７年ＵＣＬＡに留学、臨床疫学を学び、医療と社会との関わりを研究。総合内科医として東京医療センターでの診療、研修医の教育、医師・看護師の臨床研究の支援、診療の質の向上を目指す事業に関わる。

終章

死とテクノロジーのゆくえ

いま死を問うことは、これからのテクノロジーのゆくえを問うことでもある。それは裏返せば、いまわたしたちが生きる社会を見つめ直すことにもなるだろう。わたしたちは死後、どこへ向かい、どのように弔われるのか。そして一人ひとりが残す膨大なライフログは、どう継承されていくのか。死を未来へと紡ぐ対話の記録。

対談

しりあがり寿（マンガ家）×畑中章宏（民俗学者）

21世紀、死者はどこへ向かうのか

『弥次喜多 in Deep』『しりあがり寿の死後の世界』など、独自の「あの世」をマンガに描き続けてきたしりあがり寿と、『死者の民主主義』『21世紀の民俗学』など、民俗学の視点から現代社会を鋭く読み解く著書を多数出版してきた畑中章宏による対談。二人が繰り広げる「死」にまつわる対話から、未来の死のイメージが見えてきた。

聞き手：塚田有那
文：須藤菜々美

＊本対談はHITE-Media主催のオンライン配信イベント「未来の死を考える②」（2021年6月5日収録）にて実施されました。
https://hite-media.jp/symposium/562/

死者も社会に存在している

畑中章宏（以下、畑中）　人類学や社会学など、死について扱う学問は他にもありますが、ぼくが専門としている民俗学は「日本人にとっての死」や「魂のゆくえ」について地道に考えてきている学問だと思います。

ぼくの著書のなかに、『死者の民主主義』（＊1）という本があります。そのなかで『遠野物語』（＊2）で知られる柳田国男やイギリスの作家・思想家であるG・K・チェスタトンについて触れているのですが、共通する考えとして「いま目の前にあるこの社会が、生者だけによって意思決定されて良いのか」という問いがあります。この社会は生者だけで構成されているのではなく、死者もこの社会に存在している。だからこそ、彼らの意見も尊重されるべきだというものです。民俗学における「死」とは、死んだその瞬間に人生が終わるわけではなく、死んだ後のほうが当事者の存在が立ち現れて、ある意味饒舌になるのではないか、といったことが仮説として考えられています。

しりあがり寿（以下、しりあがり）　ぼくは子どもの頃から死ぬのが怖いという気持ちが強くて、60

＊1　畑中章宏『死者の民主主義』（トランスビュー、2019）
＊2　柳田国男『遠野物語』（初版1910）　岩手県遠野市に伝わる逸話を集めた説話集。遠野出身の小説家であり民話蒐集家の佐々木喜善より語られた地方の伝承を中心に編纂された。川童（カッパ）や座敷童子、死者の魂といった目に見えぬものたちの存在が多く描かれる。

歳を超えたいまでも相変わらずこの恐怖心を抱えています。死に関するマンガを描き始めたのも、「死」がよくわからないから怖いんだとすれば、描いているうちにわかってくるんじゃないか、と考えたのが発端ですね。それ以来、度々死を題材にした作品を描いています。ただ、死がだんだん近づいてきた自分にとって、本当にあの世が存在するのかどうか、という点が重要です。それによって残りの生き方が変わりますものね。ぼくが死ぬまでのあいだに、心から信じられる魅力的な「あの世」と出会えるかが個人的なテーマです。

昨年に『しりあがり寿の死後の世界』(＊3)という本を出して、世界各国の宗教における色々な死後の世界を学びました。ただマンガを描いてみて思ったのが、どれも全部退屈だということです。きれいな音楽が流れて、ご馳走があって、悩みごとがなくて……それって生きているいまとあまり変わらないような気がしませんか？　むしろたまに地獄を行き来するほうが楽しいかもしれないと思ってしまいます。

畑中　日本人にとって最もなじみがある宗教は、おそらく仏教です。国内のお葬式はほとんどが仏教に準じていますし、地獄や三途の川など死にまつわるイメージの多くは仏教によって形成されていると思います。

一方で、「葬式仏教」という言われ方をするように、日本の仏教はすでに形骸化していて、お葬式の際にだけ用いられるという見方もあります。ここには、死は面倒くさいから、制度化して手なずけたいという背景があるわけですよ。システムに則った儀式をやっておけば楽だし、死者も生前に納得していただろう、というようなもので、あまり「死」と真正面から向き合ってはいないような態度がある気がしています。

一方で民俗学が扱う領域は、教祖や経典のない「神道」の原初形態に近く、柳田が「固有信仰」という言い方をしているように、神道にはいわゆる「宗教」に属さない世界観があります。そこには万物に生命を見出すアニミズム的な価値観があり、「死」や「死者」に対してもっと抽象的なイメージが日本人の奥底に流れているんじゃないかと感じています。『遠野物語』のなかでは全119話がそれぞれ題目ごとにカテゴライズされていて、たとえば「川童（カッパ）」や「山の神」「天狗」などがあるのですが、死にまつわる話には「死」や「幽霊」という題目ではなく、「魂の行方」という題目が付いています。死は実体を備えたものであり、動きがあり、それがどこへ向かうのか、といったことに柳田の関心があったのではないかと。

しりあがり　宗教の成立以前から「死んだらどうなるのか」という興味や関心はありそうですよね。当時はもっと曖昧で、生前の行いによって死後がはっきり分かれるとか、どこかへ行くものではなく、死者もすぐそこに住んでいるような感覚だったのかな。

畑中　曖昧で適当な部分もあるけれど、そのほうが制度化された死よりもリアリティがあるし、宗教で解説されるより不定形で、実体のあるものが信じられてきたように思います。

＊3　『しりあがり寿の死後の世界』マンガ・しりあがり寿、文・寺井広樹、監修・島田裕巳（辰巳出版、2020）

Wi-Fiで還ってくるお盆の魂

畑中　死者の移動手段の一例として、山形県の遊佐《ゆざ》町に「精霊車《しょうりょうしゃ》」（＊4）という風習があります。お盆の季節にナスやキュウリに竹ひごを指して、ご先祖さまの乗る馬をつくる「精霊馬《しょうりょうま》」はよく知られていますが、「精霊車」にはより一刻も早く（車に乗って）帰って来てほしいという思いが込められています。これは現代的な魂の乗り物と言えますね。

しりあがり　さらに現代で言えば、魂はメールに添付できるようになるかもしれないですね。

畑中　お盆になったらWi-Fiから飛んで来て

＊4　昭和40年代頃から精霊馬の代わりにミニカーを吊すようになった風習。ご先祖が多い一家はバスを吊るしたり、さらに早く帰ってこられるように飛行機を吊るしたりする家もある。（写真提供：遊佐島海観光協会）

いただいて、クリックしてお戻りいただくとかね（笑）。用済みならゴミ箱へ。ゴミ箱行きになった魂は、PCのなかでどんなかたちになるんですかね。それで言うと、ぼくはもともとは編集者でして、写真表現に持続した関心を持っています。「写真は死である」といった主旨の言葉をロラン・バルトも残していますね。たとえばぼくがいま、今日この後すぐに死んでしまった場合、いま正に（対談収録中のカメラに）映っているこの映像が遺影化されるのかなと考えることがあります。

自分が写った写真というのは、みなさんそれなりに思い入れがあると思いますが、若い世代は自分の顔を加工することが一般的ですよね。没個性的で、あまりその人らしさが感じられない。これもある種の現代らしさなのかもしれませんが、今後は加工写真が遺影になってくるんでしょうか。

しりあがり　ぼくたちより3代くらい前の、のっぺりしていて、明らかに背景を合成しているような遺影も風情がありますよね。ただ、写真以外にも死者の痕跡を残す方法はたくさんあると思うんですよ。それぞれに色々な痕跡があるわけなので、それをどうにか表現すればいい。一方で、死にゆく人のための何かが足りないような気がしています。

現代において、死を最も擬人化しているものは何かなと考えると、あの世が想定されていないという意味ではゾンビかなあと思うんですね。でも、ゾンビの死に方っていやじゃないですか？　ゾンビには「成仏」という概念がなくて、ただ撃ち殺して頭を打ち砕けばそれで止まる。それが現代の死だとしたら、とっても不幸だと思うんですよね。

畑中　「ゾンビが死である」というイメージも相当定着してきていて、いましりあがりさんもおっしゃっていたように、ゾンビでは物足りないという感覚はかなり多くの人が持っていると思います。ゾンビを超える死のイメージはないのでしょうか。今後ゾンビの命運が尽きるのかどうか、ロボットやＡＩがゾンビの代わりになるのか……。

しりあがり　まだゾンビの範疇でバージョンアップしている状態ですよね。走りが速くなったり、大きくなったり。そうではなく、新たな成仏の方法を考えるべきだという気がします。

畑中　スピード感で言うと、それこそ先ほど挙げた精霊車は、新しい死者の送り迎えの形態のように思います。やっていることはゾンビと一緒で、その先のあり方はまだ見えてこない感じですけどね。

現代で言うと、コロナ禍における死についても真面目に考える必要があると思います。近親者の方が亡くなられたときでも、重病の場合は近くに寄り添って看病したり、意識をなくされていても声をかけ続けたりするけれど、コロナ禍だとそもそも病床自体に近づけないということがあります。しかも亡くなられた後も、ある程度の距離を置いて死者と対峙しなければならないというのは、非常に今日的な死のありようだと思います。

このような事象は散発的に、この瞬間にも起きているというのに、どうもそれ自体が未だに可視化されてない気がします。死の可視化が妨げられているというのは非常に興味深い現象ではないでしょうか。

しりあがり　確かに、孤独死などの構造も考えると、看取られる死に比べて一人で死ぬことが増えていて、新型コロナウイルスの感染が収束した後も、死に方は変わってくるのではないでしょうか。家族に看取られるのがシアワセみたいに言われていますが、これからはもっと自由に好きな死に方を選ぶことができるかもしれないですよね。

死後のテーマパークに行ってみたい

畑中　死のイメージが遠ざかる一方で、死の準備という観点から考えると、この数十年の間にどんな葬儀をして、どういった場所で葬ってほしいかなどが「終活」の一部としてよく言われるようになってきています。けれど現状はその程度にとどまっていて、法律上の問題もあり、自由な死に方や葬られ方はまだ選べない感じがします。

ぼくは両親もふくめて大阪生まれ大阪育ちですが、親戚は父方も母方も、3〜4代前くらいまで奈良の山のなかの出身で、そこには土葬の風習があるんです。最近、講談社現代新書から『土葬の村』（＊5）という本が出ており、まさに父方母方の田舎のあたりのことが書か

＊5　高橋繁行『土葬の村』（講談社、2021）

れていました。土葬は人口が過密する都市では難しいでしょうが、いつかは自分も土葬してもらいたいという気持ちがありますね。

しりあがり　ぼくも亡くなった友人が海で散骨されたことがありましたが、自分としては正直もう死んでしまっているから、どこでもいいとも思うんです。でも、畑中さんは気にされますか？　ゾンビになって生き返ってやるなら土葬がいい、とか（笑）。

畑中　土葬に限らず、かつては日本にも風葬の風習がありましたね。チベットにはいまも鳥葬の風習があって、それもぼくはロマンチックに感じます。そういう自由が一度認められると、かなり多くの人が鳥葬がいいって言い出すんじゃないでしょうか。

聞き手・塚田有那（以下、塚田）　最近だと「樹木葬」も人気ですね。また、アメリカのワシントン州では「堆肥葬」（＊6）というものが法律で認められ、遺体が落ち葉などと一緒に分解されてコンポスト（堆肥）になれるサービスが始まったらしく、すでに結構な需要があるらしいです。また一方で、死者の供養とは、そもそも遺された人々が死者と向き合う時間をつくるシステムだったとも思いますが、お二人はこれからの供養のありかたにはどういうものがあると思われますか？

畑中　民俗学の場合、3〜4代くらい前のご先祖様まではその人の面影が見えたり、家族のなかにも記憶が残っていたりするけれど、何代か先になると不定形な集合体になっていくという考え方があります。

日本では、法律によって政教分離が定められています。そのうえで靖国神社では戦争に従軍して亡くなった方が「祭神」として祀られていて、対して千鳥ヶ淵戦没者墓苑というところでは戦没者、つまり軍人・軍属のほか、民間人の遺骨も祀られています。集合霊をそのまま祭神と称して祀るこのシステムは、本来の神道や仏教にはなく、日本におけるあやふやな無宗教さを実現していると思います。

その点で言うと、ぼくは先ほど土葬がいいと言いましたが、たとえ「畑中章宏」の墓がなくなっても、どこかの集合体のひとつに突っ込んでもらいたいという願望もありますね。

しりあがり　ぼくは死後のテーマパークみたいなものがあったらいいなと思うんですよすね。死にそうになったらテーマパークに行くんです。もともとテーマパークや遊園地というのもある種の天国ですよね。本当にみんなが行きたいと思う場所をつくってやって、まるでそこに行けるような気にさせてやる、なんてどうでしょうか。畑中さんはどんなあの世に行きたいですか？

畑中　ぼくは民俗的な死生観を持っているので、あの世については、柳田国男が描いたような

＊6　人間の遺体を栄養豊富な土に生まれ変わらせる「堆肥葬（有機還元葬）」の法案は、ワシントン州において2019年4月に可決、2020年5月から施行がスタートした。

「死んだ人が山の上から子孫を見下ろしていて、お盆になったら帰ってきてまた山へ戻る」というイメージがあります。

しりあがり　テクノロジーの問題にもなってきますが、VRの技術が今後もっと発展すれば、たとえばこの世にいながらにして天国にいるような経験ができるようになるとかもありえますよね。だけど、そもそもあの世や天国のイメージが曖昧だとどうしようもない。たくさんの人が納得できる、そんな天国なら行きたいし、そのためにはなんだったら善行も積む、そんなふうな天国をどうやって設計して、どう共有し、信頼されるまで持っていけるか？　まあすぐには無理でしょうけど、もしそんな「天国」が創造できたら「死」も相当変わると思います。

畑中　しりあがりさんもはじめにおっしゃっていたように、宗教における死はある種の袋小路みたいな性質があって、そういう風に考えておけばとりあえずいいだろう、という側面がある気がしています。それにしても、なぜ天国や地獄のイメージはこうもバージョンアップされないのかは不思議に感じますね。

しりあがり　やっぱりぼくは地獄も天国も信じられないんですよね。だって実際にあったら、科学者がハッブル望遠鏡で宇宙を見るとか、スーパーカミオカンデで素粒子を観測とかしているうちに絶対見つかるはずじゃないですか（笑）。ＮＡＳＡあたりがそろそろ発表してくれないかなってずっと思っているんですよ。「あの世、ついに発見しました!」みたいな(笑)。でも、それでもどこかにあってほしいんだよなー。

死のファンタジーは、現代社会の写し鏡

塚田　このトークを配信しているYouTube Liveのコメント欄に「今後、肉体的な死と精神的な死は別ものとしてとらえられていくのでしょうか?」という質問が来ています。

しりあがり　結局死ぬことの怖さは、断ち切られるというところにあると思うんですよね。人はいつだって個々の物語のなかで生きているわけですけれど、死ぬとその先がなくなってしまう。生物的な本能から見ても、他の動物にとっても死は怖いものであるはずなんだけれど、それ以上に人間がこれだけ死を恐れるのは、先のことを考えざるを得ない生物であることと、その先が断ち切られてわからなくなるからだと思います。

自分の名が残ったり、自分のことを覚えている人がいたりなど、体が滅びても何かが生き続け、連続していくというイメージのはその人にとってなぐさめや喜びになると思います。そう考えると、人生で最も良かった記憶のシーンを抜き出して、ジオラマをつくるのとかもいいんじゃないでしょうか。学校の読書感想文の課題で賞を取ったときが一番嬉しかったとしたら、そのときのジオラマをつくってみるとか(笑)。

畑中　民俗学的には死者も社会の一部だと言いつつも、一方でSNSなんかのデータは一切残してほしくないという気持ちもありますね。特にTwitterのアカウントはすべて消去してもらいたいです。死んだらすべての人の記憶から消えて、まるでいなかったことくらいにしてほしい。死んだ後に何を言われているかわからないですしね。ぼくみたいに死んだ瞬間に完全に消えてなくなりたいと考えている人は結構いるような気がします。

しりあがりさんの著作である『方舟』（＊7）や『ジャカランダ』（＊8）には、カタストロフや世界の終わりをテーマにされているものがいくつかあり、しりあがりさん個人の死生観とはまた別の終末感があるように見えますが、どういった経緯で描かれたんですか？

しりあがり　『方舟』を描いたのが大体1998年頃で、世は世紀末だったわけですが、その頃は日本が一気に停滞していった時期でもあって。まさにさっきの天国の話とつながるんですが、よりよい社会というものがほとんど想像できなかったんです。まず想像できなければ、それを実現することも不可能ですよね。いまを守ることだけに執着してしまう。それを当時の日本に感じて、結局いまより良い社会を想像できなくなることが滅びのひとつの要因なんだなと思いました。だから、現実が目指すべきユートピアと類似する天国や極楽のイメージを皆が想像できるかというのは結構重要で、その一人ひとりの理想のイメージが、社会の公約数的にユートピアを成り立たせ、社会をそちらに進ませてゆく。そうした先への想像力を求めて『方舟』を描くに至ったんだと思います。

ですが思い返せば、その頃スティーブ・ジョブズらＩＴ業界で名を残している人たちはすでに新しい技術を使って、もう一段階上の社会を想像していたわけで、人類はまだまだすごいんだなといまでは思っています。

畑中　しりあがりさんの描くモチベーションとして、この世を終わらせたいという思いがありそうですよね。

しりあがり　破壊の衝動は人並みにありますね。

塚田　しりあがりさんが世紀末だったからこそ終末的な想像力が働いたという話にひもづければ、最近のマンガやアニメでは俗に言う「異世界もの」や「転生もの」がひとつのブームになっています。火付け役は『転生したらスライムだった件』（＊9）などですね。絶大な力によって世界が終わっていく物語が20世紀末の主流にあったとすれば、それから20年経ったいま、特にインターネット普及以降は、ゆるやかに転生を繰り返して生をリセットする感覚のほう

＊7　しりあがり寿『方舟』（太田出版、２０００）

＊8　しりあがり寿『ジャカランダ』（青林工藝舎、２００５）

＊9　『転生したらスライムだった件』（マイクロマガジン、２０１４）　作家の伏瀬がＷｅｂ上で連載していた小説がベースとなり、その後マンガ版、アニメなどのメディアミックスを経て爆発的な人気を獲得。その後「異世界転生もの」というジャンル再燃の契機をつくった。

＊10　しりあがり寿『弥次喜多 in Deep』全8巻（１９９８—２００３、エンターブレイン）

がなじみがあるようです。これはゲームの影響も確実にあると思いますね。

しりあがり　確かに『弥次喜多 in Deep』（＊10）を描いていた2000年あたりから、ゲームはさらに浸透しましたね。バーチャル世界がどんどん比重を増してきているのは間違いなくて、ハロウィンのコスプレの様子などを見ていると、それまでは物語が現実を模倣していたのが、逆にいまは現実の世界で物語を模倣しようとしている感じがします。

ぼくもいま三国志のゲームをやっているんですが、ゲームのなかのぼくは武将なんですよ。そういういくつもの物語をレイヤーのように重ねながら生きているという感じがあって、それがコロナ禍に一層大きくなったんです。要するに、家にいてお父さんをしている自分、リモートワークで話している自分、たまに外に出たときの自分、ゲームのなかの自分、マンガを読んでいるときの自分といったように、色々なストーリーを同時に生きていて、架空のお話のなかで泣いたり笑ったりしている。現実のほうはあまり面白くなくて、架空のお話のほうが面白いから、1日8時間くらいそちらに滞在したりもするわけです。ですが、死は違いますよね。死は圧倒的にすべての上に来るものであって、現実とバーチャル世界を行き来するなかで、死の圧倒的な力みたいなものも感じるようになりました。

畑中　ひとりの個人がそれぞれの社会でまったく別のキャラクターとして生きているのが常ですよね。いくつもの個性を持つこと自体は豊かなことじゃないかなと思います。そういう分人的な面から見ると、お葬式で会社や趣味のつながりなど色々なところから人が集まったとき、それぞれが故人に抱いていたイメージがまったく違ったみたいなことって結構あるじゃないですか。だとすると、今後は自分の関わっていたコミュニティごとに葬式を開催したっていいわけですよね。おそらく社会によってその人との思い出や存在のありようが異なることもあるだろうから、死の供養やお葬式を一回きりで終わらせる必要もないいんじゃないかなと考えました。

バーチャル世界で生前葬？

しりあがり　ぼくなんかは普段ゲームをやっていて、なかなか勝てないとアカウントを消しちゃう。そこで一回供養していますよね。実際の生活は良いとこ取りをしながら楽しみつつ、仮想空間で死を修練しているような気がします。

塚田　それは身体的な経験がどんどん遠ざけられているなかで起きている状況なのかもしれませんね。いまのうちから色々な死のシミュレーションをしておくとするならば、バーチャルとの相性は良さそうですね。

畑中　生前に死の準備をすることで言えば、ガーナのお葬式（＊11）はかなり派手で、自分の職業や憧れのものなどを象った棺桶を生前につくってもらうんです。かなり値の張るもののようですが、自分の最後の晴れ舞台に向けて、万全の準備を整えるんだそうです。
生前葬みたいなものがたとえ法律で認められなくても、想像する分には自由じゃないですか。死んだときにどんなお葬式をあげてほしいとか、どんな埋葬をしてほしいとか、どんなお墓に葬ってほしいとか、みんなで考えてみると楽しいんじゃないかと思います。

塚田　『遠野物語』の舞台になった岩手県遠野市や三陸の沿岸部には「供養絵額」（＊12）という風習もありますよね。

畑中　故人の絵を祀る風習ですね。幕末から大正ぐらいまであった文化なんですけれども、亡くなった人が生前最も充実していたときの生活が描かれていて、あの世でも同じように楽しんでほしいという思いが込められている絵です。遠野市内などには、この供養絵額が納められたお

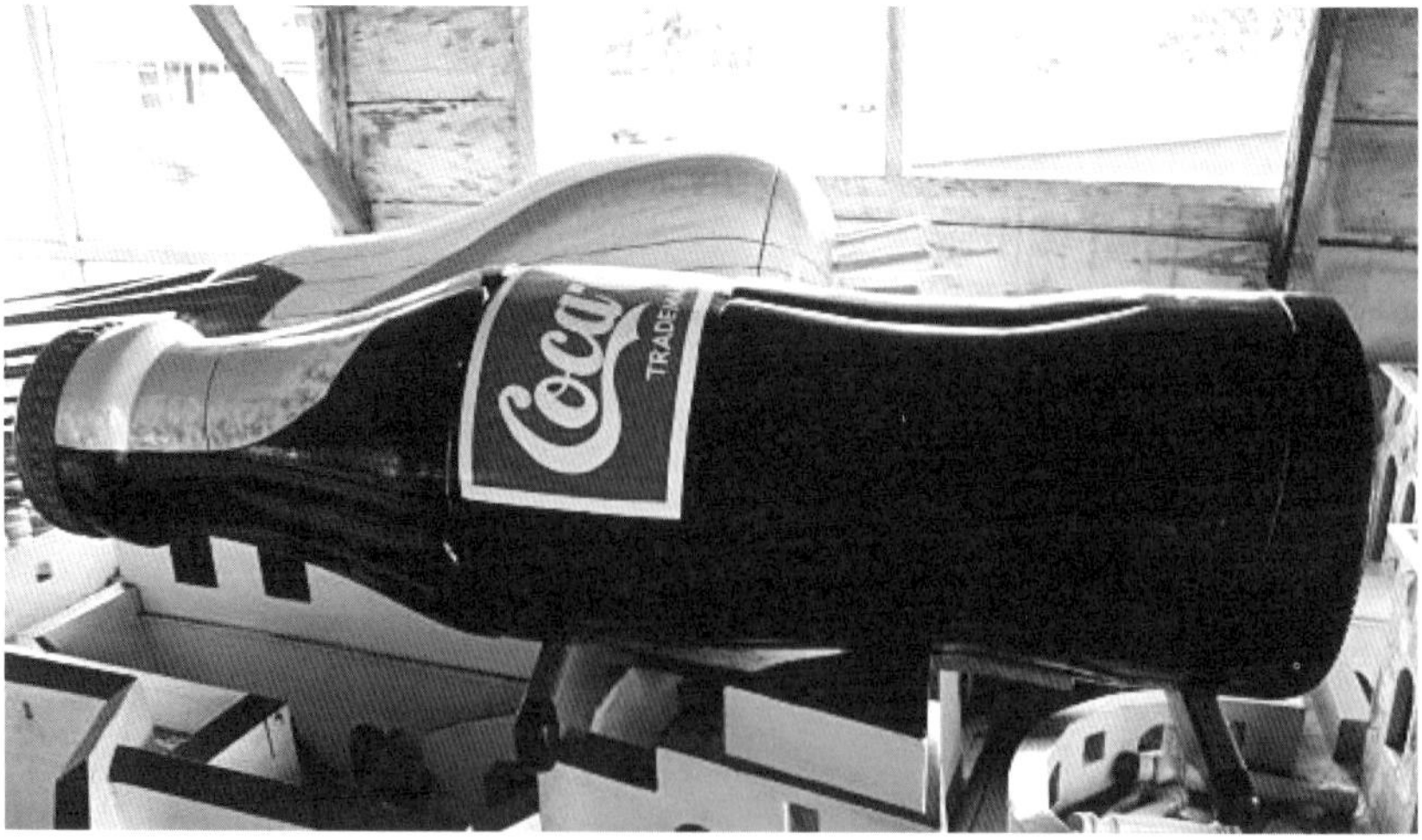

＊11　故人の人生にちなんだモチーフを選ぶガーナの棺桶。漁師であれば魚、農家はパイナップルなどもあるが、飛行機や自動車、コカ・コーラの瓶やコンピュータなどもある。葬儀は3日がかりで、朝まで参列者が歌って踊る日もある。Photo:John Nash（CC BY-NC 2.0）

寺がいまもあります。

ただ、ある時期からこれが写真の遺影になり、供養絵額から遺影に移り変わっています。人の死に対して、理想の物語をつくり上げるという表現行為があったのに、いきなりただの写真になってしまったのは少し悲しく感じます。コンストラクティッド・フォト（構成写真）のように、死ぬ前に一番楽しかった場面の写真を撮っておいたりすると面白いと思います。

しりあがり　たとえば来迎図のように仏様が迎えに来るような極楽とか天国のイメージの絵があると思うんですけれども、そうではなく、ふすまを開けて隣の部屋にあるみたいな身近なところにある感じが面白いですね。

畑中　供養絵額はお寺に奉納されているので一種の仏教的なものではあるんでしょうけれど、非常に民俗的で、亡くなった人は形がなくなって

＊12　若くして亡くなった女性や子どもの絵が多く、死後も豊かな暮らしをしてほしいという思いから、美しい着物や豪勢な食事などが描かれている。岩手県遠野市内のいくつかの寺では、いまも複数の供養絵額が奉納されている。（岩手県遠野市の善明寺で撮影／写真：坂本麻人）

も、あの世でがんばって仕事をしたり楽しく遊んだりしていると考えられています。日常の延長線上にあの世があるという意味では、宗教的な来世観や死生観とは違うものが根強く信じられているのかなと思います。

しりあがり　残された人の気持ちのあり方のひとつとしてもすごく良いと思います。抽象的な極楽というよりは、故人に純粋に喜んでもらえそうなものをつくっていますよね。一方で、3・11の震災の後に残された人が幽霊を見たという話が随分多かったんですよね。この世とあの世はどこかでつながっているんでしょうか。

畑中　供養絵額と類似の例に、山形県の一部地域に「ムカサリ絵馬」という風習があります。結婚せず、お子さんもつくらないまま亡くなった人が「冥婚」といって、仮の配偶者と一緒に肖像画のなかに描かれ、あの世では結婚できますようにとお祈りする習俗です。これもあの世が確実にあるという建前で、極楽的な世界というよりはこの世で果たせなかったことをあの世でできるようにという思いが込められています。レイヤーは違えど、この世の延長線上にあの世があるという考えにもとづくのかもしれないですね。

死はパブリックになっていく

しりあがり　うーん、ここまで話したけど、やっぱりぼくはあの世を信じたいなあ。どうしたら信じられるんでしょうか？

畑中　ぼくはいまのテクノロジーだとまだ行けないどこかにあの世があって、その手がかりがあるとか言われると楽しみだし、それまで生きてやろうかと思うかもしれませんね。

しりあがり　そうですね。死後の世界を信じないまま安らかに死ねる人って本当に偉いと思いますよ。ぼくはもうこの歳になって、同年代で亡くなる人が増えてくると、あっちのほうが知り合い多いなと思って、ちょっと気が楽になったりするんです。

畑中　「俺も後から逝くぞ」とか、ある人が先に死んで、その後もう一人が死んで、というときに「あの二人はあの世で酒を酌み交わしているんじゃないか」という言い方はよくありますよね。

塚田　死後にもコミュニティがあると考えられると面白いですね。少し話はそれますが、コロンビア大学院の建築学部に「Death Lab」という研究室があります。カーラ・マリア＝ロススタインという建築学科の教授が推進するラボで、「死を民主化する」というテーマでこれからの公共空間における死のありかたを研究しているんです。たとえば公園のなかに亡くなった方の名前が刻まれた碑を置くなど、その地域に生きている人も死んだ人も同じ公共空間を共有しているというコンセプトを提案したりしています。先ほどの墓じまいのブームからも考えると、今後墓地は家族が守るものだけではなく、パブリックなものになっていくかもしれません。

畑中　生きているあいだは個人として、家族のことや友人関係、会社のことなどのしがらみも抱えていますが、亡くなったあとはいい意味で公共化されてしまって、大きな集合霊のひとつにしてもらえるようなシステムがあると楽かなと思います。集合霊は集合霊で、意思を持って何かを起こしてくれるかもしれないですし。

しりあがり　ぼくは今日の対談のなかで、自分が死んでいくほうの立場でものを考えていたけれど、これは死者を見送る側にとっても大事な話ですね。いまのお話を聞いていると、これからの死はきっとパブリックになっていくんだろうなと思いました。そうなれば宗教的な裏付けがないお葬式でもみんな満足する。満足というのは、世間一般程度の供養をすれば祟りを恐れずに済むし、社会的にも安心できるということだと思うんですよね。

今後、そこにＩＴはどのくらい関わってくるんでしょうか。お年寄りばかりになると、みんなが集まるのは大変だからリモートでやろうとか、お葬式のときくらいしか親戚が集まる機会はないから実際に場を持とうとか。そんなせめぎ合いがありつつも、段々簡素化されていくと思います。

スマートシティで死者と盆踊り

塚田　またYouTubeからコメントをいただきました。「今後、スマートシティのようにIT化されていく都市計画において、死について語られることはほとんどないのですが、お二人はその点についてどう思いますか?」とのことです。

しりあがり　死はもう少し身近にないとまずい気がしますね。それがなければ死への不安が膨らむばかりで。両親の死に様を見て、初めて人はこういうふうに死んでいくんだとわかったりするけれど、それを体験しないとどうやって自分が死ねばいいのかわからないですよね。死者の記念牌があるくらいではまだ物足りない感じがします。

80年代くらいに映画の世界でスプラッタや、それこそゾンビもすごく流行ったんですよ。あのときはこのコンクリートとガラスの街には血が足りないんだろうなと感じました(笑)。生と死の生々しさが足りないから流行るんだろうなって。

畑中　新しい街づくりをするときに、ヨーロッパは教会中心、日本もかつては神社仏閣を中心に街ができてきたんですよね。でも、これからの街づくりはそうはいきませんよね。ではどうすればいいのかと言うと、ぼくが提案するのは盆踊りです。

その地域の人がある程度集まれるくらいの空白の場所、円形の場所をつくっておいて、そこで盆踊りをするための場所にしてやぐらを建てる。盆踊りはお盆の踊りなので、死者への供養が当然ふくまれていて、死者と共に踊ることができるわけです。死者もふくめたスマートシティを考えたときに、年に1回くらいみんなで踊る機会があれば、共同体のみんなの顔合わせにもなるし、死者の供養にもなるし、宗教にも属していないからいいんじゃないでしょうか。

しりあがり　いいですねえ。そうなるといまは家族や自分がどの共同体に属するのかさえとても曖昧な感じがあるので、どこに自分が葬られたいかを自治体が競うなんてどうでしょうか。相続税などは全部自治体にいくことにして、死者を誘致する。その施策がうまくいった自治体の盆踊りはすごいものになる、みたいな。

畑中　日本には宗教と政治は絡めてはいけないみたいな風潮があるから、そこを少しゆるめて、盆踊りができるようなスマートシティが一番理想だと思いますね。それで地方自治体ごとに個性が出たら面白いですね。いまは東京一極集中の中央集権が未だ根強くて、地方へ行ってもどこも同じような景色ばかりだけど、かつての日本のように仏教中心の街などを随所で認めてあげるほうがはっきりするし面白いと思います。

しりあがり　あるいは特に地域にこだわらない人はもう富士山に葬ることにして、富士山の周りで大きな盆踊りをするとか。あとは「国立あの世」とかつくればいいんじゃないでしょうか（笑）。あの世があるって信じ込ませたほうが、案外医療などにお金がかからなくて済むかもしれないです。

国として死を位置づける「死者庁」

畑中　今年はデジタル庁もできるし、今後子ども庁ができるという話もあるじゃないですか。だとすれば、「死者庁」とかあるいは「デス庁」とか、死を扱う庁を真面目に考えてもいいと思います。それは老いも範囲とするけれど、老いのさらに先の死について、憲法に定められた信仰の自由と政教分離の狭間で、これから先の死を国としてどのように位置づけていくのか、真面目に考えても良いと思います。もちろん死にまつわる産業の創出についても。

塚田　本書でも4章で詳しく紹介していますが、死者の権利や個人データの扱い方も話題になっています。近頃は、たとえばディープフェイクのようにあたかもその人が喋っていたような映像がつくれてしまうわけですよね。いまは個人間の問題になっていますが、これからは法の問題として考えなければならないだろうと議論に上がっています。

畑中　それは由々しき事態ですよね。死者の権利や、街づくりにおける死者の位置づけ、供養のあり方など色々と課題があります。お墓や火葬場の近くには住みにくいなどとよく言われますが、街づくりによってはお墓が街中にあってもいいと感じられるかもしれない。

死をこの社会のなかでどう位置づけていくのか、良い死を迎えるためにはどういう社会が理想なのかを考えると、必然的にいまの世の中をどうしてきたいのかという問いにつながってきます。「クオリティ・オブ・ライフ」という言葉がありますが、「クオリティ・オブ・デス（充実した死）」を迎えるためにいまの生を考えるという観点も良いと思います。

しりあがり　「終活」って面倒くさいことばかりですよね。だから、たとえばデータの処理や遺言、相続を全部終わらせて、あとは死ぬだけという段階の先に、ものすごく楽しいことが待っていたらいいと思いませんか？　要するに、ある程度死の準備ができたらご褒美があって、こんな楽しい最期があるんだと感じられるシステムです。

畑中　名案だと思いますが、実現できるかどうかが一番難しいことでもあると思います。そういうものってうしろめたいとか、家族がやらせたがらないとか、色々あるだろうなと。民俗学の歴史的事例としても、かつては「隠居」という言葉があって、家督を譲って、隠居部屋に引きこもって余生を過ごすことがありました。ですが、家督は譲ってもそれ以外のお祭りの中心は担わなければいけないなど、宗教的、信仰的な部分では隠居した後のほうがかえって忙しいみたいなことがあったりします。また「姥捨山《うばすてやま》」に老人を棄てたという伝説も、柳田国男の『遠野物語』では、お年寄りは食い扶持を減らすために現地の人々とは別に山の高いところで集合生活を送ってそのなかで田んぼを耕したりしていたと言われています。

このように、日本の歴史だと、老後が全然楽しくなく、以前と同じくらい、もしくはそれ以上に働かなければならないということもあって、終活した後のご褒美のように自由が認められても、日本人にちゃんと行き渡るかどうかが問題ですね。

死後はアバター化されたいか?

しりあがり　コストのことを考えると、塚田さんと昔一緒に行ったVRの取材で、味覚をバーチャルで体験できるようになり、寝たきりの人が銀座の寿司を食べられる感覚になるといった状況を目指す研究がありました。そこまで技術が進歩すれば、あまりコストをかけずとも最期を楽しめるような気がしますね。ぼくが死ぬまでに実現してほしいです。

塚田　サイバネティック・アバターという研究分野もあって、自分の代わりにアバターロボットが動いてくれるような世界もありえますね。そのとき、体が動けなくなった分の欠損を埋めるというより、誰もが死に向かっていくなかで、死ぬ前のご褒美くらいポジティブなイメージになると面白いのかなと思いました。

＊13　『デュマレスト・サーガ』シリーズ　E・C・タブの著作シリーズ。日本語訳は31巻まで出版されており、初出は『嵐の惑星ガース』（創元SF文庫、1967）

しりあがり　生きることを永遠にするために臓器をサイボーグにして、データさえ残っていればその人はまだ生きているのか、じゃあ意識ってなんだろうということを考えると、それは果たして幸せなんでしょうか。そんなことをしたら人間が増え過ぎて、いつまでも古い人はいるし、良くないですよね。

ＳＦだと『デュマレスト・サーガ』（＊13）という作品ではがんばって生きた人のご褒美として脳ミソだけが残って、それらが全部連結されて、大きな意識となって世界を支配しているというビジョンがありました。

塚田　今後故人のデータが残り続けていくと、それも集合意識のひとつになるんでしょうか。四十九日や三十三回忌があるように、ネットの世界でも供養の期限を決めるべきなのか。それは時間的な問題なのか、残された人の儀礼的な問題なのか。そうしたイメージを、複合的に考えて模索していくのが面白いのかなと思いました。

畑中　デジタル庁が具体化しつつある世の中で、ぼくは死者庁について真面目に考えたいという気持ちが強くなりました。また、拙著『廃仏毀釈』（＊14）でも話題に挙げていますが、神仏分離のもとで、神葬祭という神道式にあげる葬式がある一方で、葬式仏教も根強いということがあるので、そのあいだにある民俗風習をもう一度再評価できるんじゃないかなと、今日のお話を通して思いました。

しりあがり　「（死後も）死んだほうが良いのかどうか」がこれからの良い議論になるかもしれませんね。今後はデータとか何らかのかたちで生き続けられちゃうかもしれないですから。ぼくは「死んだほうが良い」へ一票、「死者の民主主義」に入れておいてください（笑）。

＊14　畑中章宏『廃仏毀釈――寺院・仏像破壊の真実』（2021、ちくま書房）

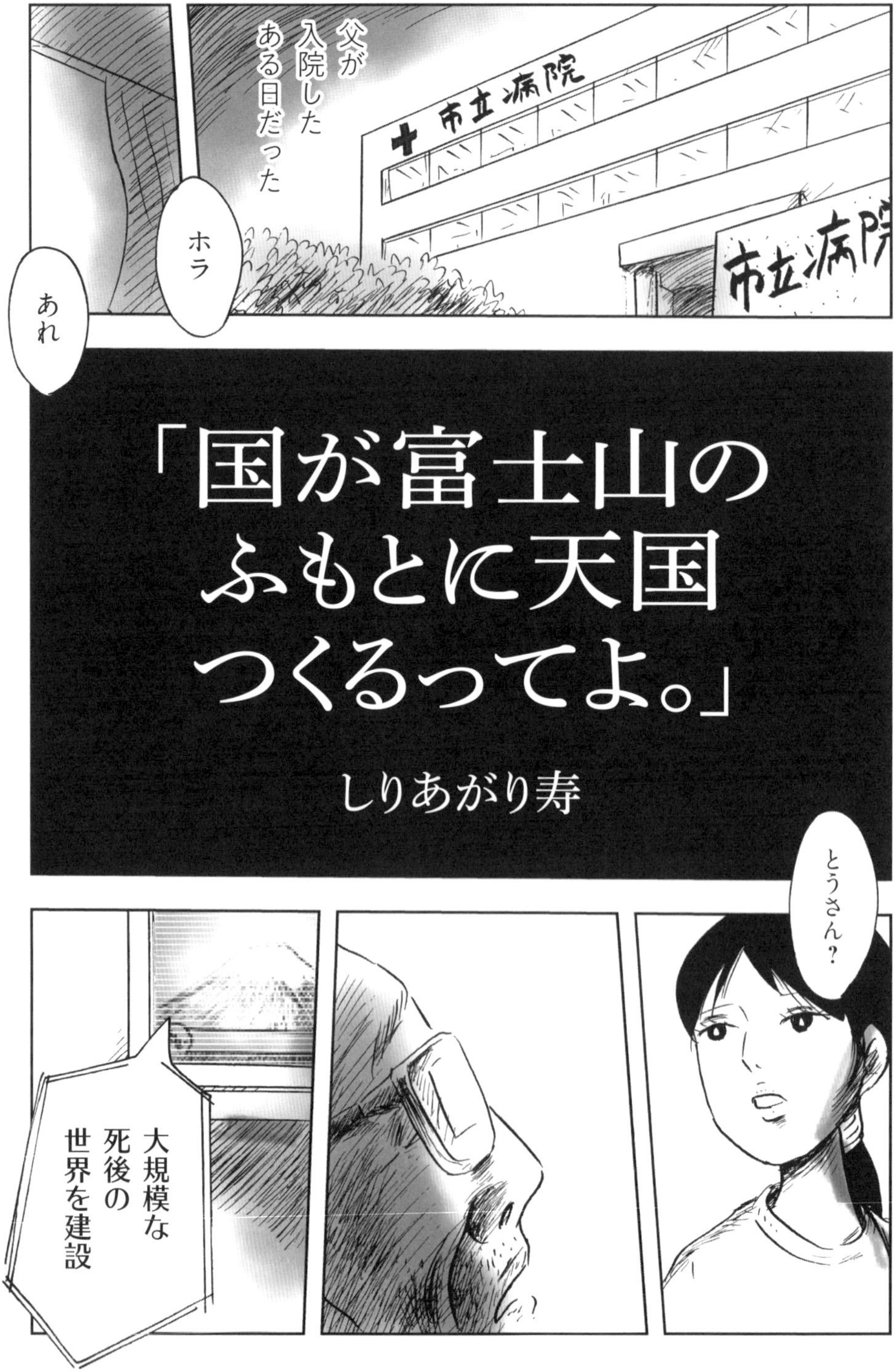
父が入院したある日だった
ホラ
あれ
市立病院
「国が富士山のふもとに天国つくるってよ。」
しりあがり寿
とうさん？
大規模な死後の世界を建設

高齢化と医療の限界にそなえ
生前の個人の情報を保存する
なにこれ
個人情報抜き取られるだけよ
あー
そうかもしれんな
これは故人の意識をデータ化することで
いわば魂を半永久的に保存する
そんなニュースから
1年後

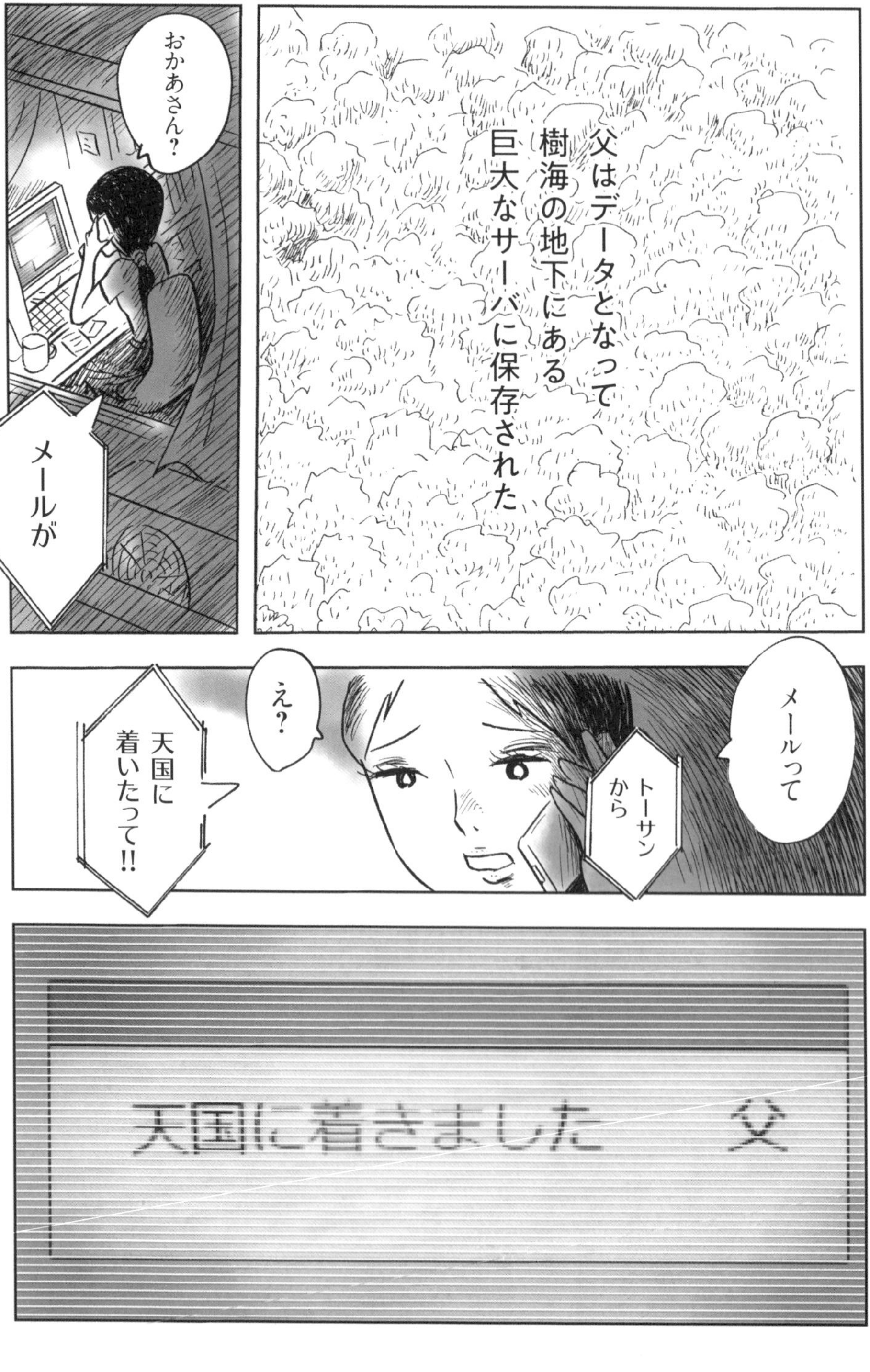
父はデータとなって
樹海の地下にある
巨大なサーバに保存された
おかあさん？
メールが
メールって
トーサンから
え？
天国に着いたって!!
天国に着きました　父

なにそれ ホント？
それ サービス なの？
そういう サービスが あるって
サービス だけど本人
本人？
だから保存された トーサンのキモチが メールに 書いてんのよ
それから 2年も たたず 母が逝った
一人娘として カタチ ばかりの お葬式の あと
遺言のとおり
母も 富士山のふもとの 「天国」に送った

やっと一人の生活に戻ったころ
ガチャ
メールが届いた
ピロン♪
わたしも天国にいるよ。
母
かあさん…
やっとその「不在」になれたころに
「本人」からのメール
それはどういうところなの？
うーん…花？
とうさんもいっしょ？

父からの返事が3週間で届いた
ああ、かあさんといっしょだ
技術の進歩か
時がたち
自分に子どもができるころには
ポロン♪
静止画が送られてくるまでになっていた
ジージ?
バーバ?
ホントは死んでるけど…
シンデル?

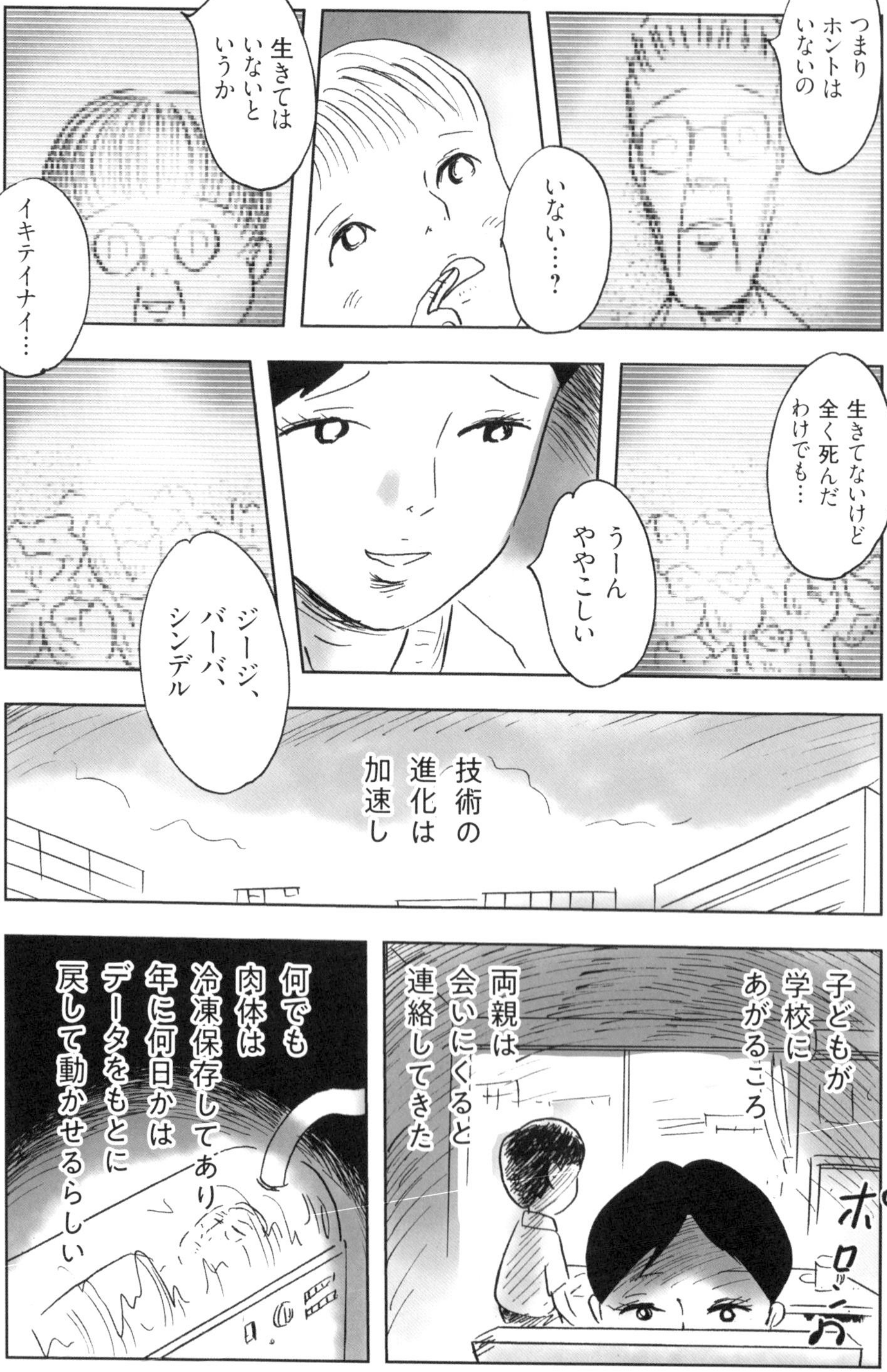
つまり
ホントは
いないの
いない…？
生きては
いないと
いうか
イキテイナイ…
生きてないけど
全く死んだ
わけでも…
うーん
ややこしい
ジージ、
バーバ、
シンデル
技術の
進化は
加速し
子どもが
学校に
あがるころ
両親は
会いにくると
連絡してきた
ポロッ
何でも
肉体は
冷凍保存してあり
年に何日かは
データをもとに
戻して動かせるらしい

いやー会えるのが楽しみだ
おみやげ何がいいかねえ？
ジージバーバ？
うん
思いっきり生きてんじゃん
……
その時私は
両親に
ちゃんと死んでほしいと思った

「国が富士山のふもとに天国つくるってよ。」

しりあがり寿

1958年静岡市生まれ。1981年多摩美術大学グラフィックデザイン専攻卒業後、キリンビール株式会社に入社し、パッケージデザイン、広告宣伝などを担当。1985年単行本『エレキな春』で漫画家としてデビュー。パロディーを中心にした新しいタイプのギャグマンガ家として注目を浴びる。1994年独立後は、幻想的あるいは文学的な作品など次々に発表、新聞の風刺4コママンガから長編ストーリーマンガ、アンダーグラウンドマンガなどさまざまなジャンルで独自な活動を続ける一方、近年では映像、アートなどマンガ以外の多方面に創作の幅を広げている。

対談

宇川直宏（DOMMUNE）×山川道子（Production I.G）

死を超越するライフログ

個人のライフデータを集積することが容易になった現在。果たしてその個人が亡くなったあと、「死後のデータ」はどう活用されうるのか？　また日々あらゆるところで生み出されるカルチャーシーンや創作物は、その痕跡をどう残せるのだろうか。共に多角的な視点から文化のアーカイブ活動を実践するDOMMUNEの宇川直宏とProduction I.Gの山川道子による対談。

聞き手：塚田有那
文：須藤菜々美

＊本対談はHITE-Media主催のオンライン配信イベント「未来の死を考える③」（2021年7月26日収録）にて実施されました。
https://hite-media.jp/symposium/609/

アーカイブの仕事とは？

塚田有那（以下、塚田）　今回は、さまざまな角度から文化を後世に残すアーカイブ活動をされているお二人をお招きしました。まずＤＯＭＭＵＮＥの宇川直宏さんは、これまで10年以上にわたってトーク＆音楽ライブのストリーミング配信を続けてこられ、その全アーカイブを集積されています。このＤＯＭＭＵＮＥの活動自体が宇川さんのライフワークとしてのアート活動であり、その根幹には、いつか訪れる「死」を宇川さん自身が強く意識しているからこそ、「生」の痕跡を残すことに強い執着があると感じてきました。

一方で、対談のお相手としてお呼びした山川道子さんは、アニメのアーキビストという日本では特殊なお仕事をされるなかで、日々量産されていくアニメ作品をどのような方法で価値のある残し方ができるのかを探求されていますね。まずは山川さんにアニメアーキビストとはどのような仕事であるかをお聞きしたいです。

山川道子（以下、山川）　アニメアーキビストとして、わたしは所属しているProduction I.Gの制作過程で発生する資料を主に扱っています。みなさんがアーカイブとしてまずイメージするのは、アニメーターが描いた原画などでしょうか。実際はその他にも、アニメの参考となった原作の本もあれば、アニメ原作から小説やマンガに展開されたメディアミックス作品など、ひとつの作品を取り巻くビジネスで発生したものの多くを保管しています。最近では社外からのご相談を受けてレクチャーをすることも増えましたし、文化庁のメディア芸術アーカイブ推進支援事業で採択を受けて、アーカイブの方法論をレポートにまとめたりもしました。

宇川直宏（以下、宇川）　ぼくの主宰するＤＯＭＭＵＮＥも、平成28年度（２０１６年度）の文化庁アーカイブ推進支援事業で採択されたことがあります。もちろんＤＯＭＭＵＮＥのアーカイブは、他の視覚芸術の歴史と比べればまだまだ浅いです。しかしソーシャルストリーム、もしくはライブストリーミングの歴史自体がここ10数年くらいなので、ＤＯＭＭＵＮＥは間違いなくその先駆でもあります。これまでアーカイブといえば主に歴史の長さが大きな評価軸のひとつでしたが、コロナ禍で風向きは変わり、ライブストリーミングがいよいよ大衆化したことで、この10年のアーカイブが価値があるものとして評価されるような文脈がようやく定着してきました。

山川　わたしはどの制作会社の作品かに関係なく、あらゆるアニメのアーカイブが残ってほしいと思っています。ただ、何もかも残すのは現実的に難しいので、社内では大きく四つに分けたルールを決めています。まずは商品宣伝として使えるもの。次に、アニメーターやその他スタッフの後進育成に使えるもの。三つ目は、日本の文化として残すべきもの。それは売れていなかったり、作品として知名度が低かったりしても、です。最後は、会社の歴史として残すべきものです。社内ではどうしても商品価値があるかどうかの優先度が高くなってしまいがちですが、別の場所であれば歴史的文化価値という観点が先に来ることもあると思う

Production I.G のアニメアーカイブ資料。通常、完成後には破棄されるセル画も、I.G では作品によっては原画や背景画も専用の処理を施して保管している。『機動警察パトレイバー 2 the Movie』©HEADGEAR

膨大な作品データは主にサーバー内で管理しているが、外付けハードディスクや LTO テープで二重のバックアップを取るなど物理媒体としても保管している。

んです。あらゆる角度からの価値基準を取り入れることで、作品のアーカイブが残るチャンスを増やしています。

また、作品だけでなく、誰がそこに関わったのかという記録も残すべきだと思っています。文化庁の活動ではメディア芸術データベース（＊1）というものをつくっていますが、ここでは日本でつくられたマンガやアニメ、ゲーム、そしてメディアアートにおいて、各作品のスタッフクレジットの情報が検索できます。ある人がいつ、どのようなスタジオで、何の作品に関わってきたかという記録が自動的に残されていくので、今回のテーマである「ライフログ」につながる部分もありますね。ＳＮＳなどのような個人が自身のデータを残す方向とは別に、文化コンテンツなどの場合は外部の人が残していくという方法もあると思っています。

未来にログを残すのは宇宙か、紙芝居か

宇川　なるほど。ＤＯＭＭＵＮＥにはすでに５０００番組、トータルで１万時間以上ものアーカイブを所蔵しているんですが、いま公開しているのは必要に応じて20〜30本程度に厳選しています。

＊1　https://mediaarts-db.bunka.go.jp/

山川　いまはすぐにデータが大量になってしまいますよね。うちでもデータのほとんどはハードディスクなどの記録媒体に移し、物質として保管することが前提になっています。クラウドサービスも元をたどればどこかにサーバー用のハードディスクやＬＴＯテープなどの置き場所があるはずです。最近では、より持続的な長期保管のために、熱や水、磁気への耐性が強い「石英ガラス」に記録を残そうという動きがあり、研究が進んでいます。

しかし、記録媒体がこの先進化していったとしても、永遠に場所が必要になっていくと思うんですよね。なので、わたしの持論として、近い未来にあらゆるアーカイブは宇宙空間のどこかに保存されるんじゃないかと思うんです。過去の偉人たちの文化が宇宙に届くというビジョンがあって、アーキビストの仕事はその宇宙に届けるお手伝いなのかなと。今日はこれが言えたらもう満足です（笑）。

宇川　アーカイブの保管に関する方法論は長らくぼくも考え続けてきた課題です。ＤＯＭＭＵＮＥは「番組」という概念自体をアップデートしていくために始まった取り組みなのですが、最近では果たしてそのアーカイブのアウトプットがデジタルファイルのままで良いのかという問題に突入しました。考えるべきは、現実の空間上で発生したリアルな体感をいかに残していけるのか、それを後世の人々が想起できるフォーマットとは何かという点だと思います。

過去に瀬戸内国際芸術祭２０１９の企画の一環で、高松市内に「ＤＯＭＭＵＮＥホテル」を誕生させ、実際にそのホテルに宿泊した部屋のモニターでしか見られないという「いまここ性」を１万時間の記録ファイルから与えるというアウラ復権のコンセプトを考えたことがあります。つまり10年間のアーカイブを保有したホテル自体を現代アート作品にする、という計画を構想していました。しかしコロナ禍でライブ配信を誰もが行うようになり、いわば全世界がDOMMUNE化したことを受けて、だんだんと発想が変わってきました。そこで、最近ようやくたどり着いたテーマが「紙芝居」です。

山川　紙芝居！　またいきなりアナログなものになりましたね。

宇川　紙芝居の源流を辿っていくと、江戸時代から明治まで行われていた「のぞきからくり」に到達します。オランダから伝わった見世物のひとつで、巨大な箱のなかにレンズが取り付けられていて、箱の穴からのぞくと、そのなかで展開され

のぞきからくりに興じる子どもたち。撮影時期は推定1914〜1918年。
Photo Author: A.Davey Magic Lantern, 1915 (CC BY 2.0)

る絵物語がリアルタイムで語る弁士の口上とともに体験できるという構造です。その後、これを複数枚の絵に簡略化し、ストリートで紙芝居を演じる人が生まれ、昭和初期には紙芝居文化が花開いていきました。

山川　その頃にはどんなコンテンツが主流だったんでしょう？

宇川　黎明期は倉橋惣三という幼児教育学者の作品や、今井よねさんのキリスト教の「福音紙芝居」が主流でしたが、昭和の時代にはもっとオルタナティヴな『黄金バット』や『墓場鬼太郎』が流行りました。特に『黄金バット』がすごいのは、紙芝居を起点としてコンテンツが別のフォーマットにメディアミックスされて展開していったことです。まずは紙芝居

紙芝居『黄金バット』を披露する男性。Author: aki.sato, 2011 (CC BY 2.0)

でストリートに広まり、マンガ化、アニメ化され、文具として展開されたりしつつ、さらには実写映画にもなりました。
このようなかたちで、ストリートから生まれてきた絵画的かつ視覚的なコミュニケーションスタイルをルーツに、ぼくたちは今世紀においてライブストリーミングをしていると思っています。いま、サイバースペースを現代における一種のストリートととらえるならば、その原点は紙芝居か、または街頭テレビではないでしょうか。当時は街頭テレビにとんでもない数の人が集まっていたんです。

山川　これはもはやテレビの画面は見えていないですよね（笑）。結局のところ、同じ場所で初めての体験を共有していることに意味があるんでしょうね。あそこにテレビがあって、みんながいる、そこ

国際プロレスの力道山の試合を見るため、27インチのテレビに集まる人々（1955年）

に自分もいたという記憶と体験が最初にあり、それが後に語られて歴史になるという。
これはアニメにもつながる部分があって、アニメの放映中に作品を観た人々からどのような反響があり、それが後にどんな影響を与えるのかという部分も記録しなければ、本当の意味で作品の持つ価値が見えにくくなってしまいます。その一方で、なんでも複雑に残せばいいわけではないので、その作品が何なのかひと目でわかるようなサムネイル的画像を整理することも重要です。

塚田　宇川さんが構想されている「紙芝居によるアーカイブ化」においては、作品としての紙芝居と、それを演じる人の存在が不可欠だと思います。つまり、後世の誰かが作品を「演じ直す」という行為が重要で、そこに一種の生命性が宿るとお考えなのでしょうか。

宇川　まさしくそうですね。それがコンセプトです。自分が生きた歴史を誰かが紙芝居として演じ続けていく。そのことによってアーカイブとしてのまったく新しい価値が表出するのだと思っています。たとえば１００年後に今日の番組が演じ直されるとするならば、そこにはその時代性を帯びた誇張や歪曲、つまりカリカチュアがあってもいい。ただし、ここで重要になってくるのは、先ほど山川さんがおっしゃっていたように、デジタル時代の膨大な情報をまとめるためのサムネイル化でしょうね。サムネイルとして要約したものを再び演じてもらうことによって、番組の意図がより明確に簡略化されているので、プログラムのどこに情感が置かれるのかなど、弁士の力量も発揮しやすくなる。つまり、演じることと批評性が一対の行為になる。

山川　そうですね。情報が体系化されていて、それが常にいつでも見られるかたちで残っているのが、アーカイブとして良いものだと思います。

死後の価値は誰が発見するのか？

塚田　最近では「デジタル遺品」という言葉が出てきていて、デジタルデータで残った遺品をどう扱うかが課題になっています。たとえば故人のPCやスマホに残された写真を、パスワードが開けず家族が取り出せないという状況などはすでに起きています。そもそもスマホやPCを家族が勝手に開いていいのかどうかも微妙な問題です。

宇川　ビデオアーティストのナム・ジュン・パイクは、過去に自分がつくった作品はその後見ないという発言を残しています。また、写真家のヴィヴィアン・マイヤーは、死後にとあるコレクターにオークションで発見されてまったくの無名からその存在が知られ、後にドキュメンタリー映画（＊2）にもなった人物です。生前、彼女は乳母、いまでいうベビーシッター

＊2　『ヴィヴィアン・マイヤーを探して』監督・ジョン・マルーフ、チャーリー・シスケル（配給・アルバトロス・フィルム、2013）

の仕事をしていて、写真を撮っていることは誰にも話していませんでした。15万枚の膨大な写真が死後に売り出されましたが、その大半はネガの状態で一度もプリントされていませんでした。つまり、彼女も自分の作品を見ていない。これは生前の本人の存在よりも残された遺品のほうが、その人物のアイデンティティを浮き彫りにしたことを示しています。これこそ「アーカイブという名の遺品」の真価ですよね。

山川　アニメーターでも、自分がつくった作品をまったく見ないという方がいるんです。その方は絵を描いて食べていけたら良いというスタンスで、最初にそれを聞いたときには、正直何を言っているんだろうと思いました。しかしこれは真理で、作り手である表現者が作品をどう残したいかという話と、外野がその作り手や作品をどう位置づけて残そうと考えるのかは切り離して考えても良いのだといまは思います。

宇川　そのとおりですね。90年代には50年代や60年代のレアなＪＡＺＺのレコードが大量に放出されたように、いま、レアで貴重だった80年代のハウスのレコードが、中古市場に出回り若い世代の手に渡っているんですよ。なぜならば、その世代の人たちが亡くなり、コレクションが拡散されたからです。では、現在まだ価値がないものに対しては、どうやって人の興味を向けさせることができるのでしょうか？

山川　わたしは、見本市のように、多様な人たちの前に作品を提示しておかなければならないと思います。それぞれのニーズに合ったところをピックアップできれば、より多くのアーカイブを残せるかもしれないですよね。そうすると、残るパイが広がるので、たとえ残してくれる人間の数が減ったとしても、残る総体は増える。いまはそのような機会が必要かなと思います。

また、オークションなどにおける正しい目利きが少ないために、本物なのか疑わしいものに高額の値段がついてしまうということもあり得るので、価値づけをしっかりとできる人を育てておかなければならないという懸念があります。

その能力を身につけるためには何十年とかかります。その時間をしっかり要さないと人は育ちません。人が成長するための機会を担保するためにちゃんと投資しなければ、身体をもってして再現するための箱がなくなってしまいます。

宇川　たとえば現在、アニメーションの制作プロセスにおいてＡＩが実際絵を描いているような現場はあるのですか？

山川　まだほぼありません。写真をイラストのように見せる技術や、アニメーターが描いた絵と絵のあいだを埋める技術はありますが、最終的には人間がチェックしています。ＡＩが人間の手仕事の領域に入ってくると、仕事を奪われたように見える瞬間があるかもしれませんが、それはステップアップのタイミングだと思います。

宇川　ローランドのドラムマシン（＊3）が出たときに、ドラマーたちから大きな反発があったのですが、それからもドラマーの仕事はなくなっていないし、それらの機材は名機扱いされ、いまもフロアユースのトラックメイキングに使われ続けている。今後はさらに、ＡＩなどのテクノロジーと人の協業が重要になってくると思います。

山川　わたしは、アーカイブの仕事は極論なくなってもいいと思っています。将来的には人間が手を出さずともＡＩなどが自動選別を施して自然とデータは残っていって、それが当たり前に使われる未来になればよいという考えです。ある種、いまの自分の仕事をなくすためにこの仕事をしていると思っています。

ライフログを受け継ぐのは誰か

塚田　最近では、ＡＩなどのテクノロジーによって死者がデジタル上で「復活」するという事例が急増しています。たとえば、アメリカでは銃乱射事件の被害者の少年がディープフェイク技術によって映像内に「復活」し、２０２０年の大統領選の際に「ぼくは銃社会に反対だ。みんな選挙に行こう」というメッセージをYouTube上で発信するというプロジェクトがありました。しかし、それは果たして故人の遺志にもとづくものなのか、倫理的にも課題が残ります。いくらでも個人のログを残せる時代では、それが本人の意図しない環境下において利用されてしまうことも起きるとすれば、どこで線引きするべきなのでしょうか？

宇川　河原温さん（＊4）というコンセプチュアルアーティストがいて、彼はキャンバスに、その「絵」が制作された日付だけを、筆触をまったく残さずに描いた『日付絵画（Date Paintings）』というＴＯＤＡＹシリーズをはじめ、さまざまな方法で彼が生きた痕跡を残すための作品をつくられていました。一方で『日付絵画』の制作がスタートした１９６６年以降、河原さん本人は一切人前に姿を表さなくなったんですね。しかし、死後に彼の顔写真が新聞に載ってしまい、これは由々しき問題であると思いました。自身が構築してきたルールやフォーマット、コンセプトを最後まで守り抜いて生きても、他者の手によって死後にまた別の人生が始まる可能性についても考えなければならないという問題がここにはあると思います。

塚田　山川さんがおっしゃっていた評価基準がどれだけ多様であるかという話もすごく重要ですよね。ビックネームのみが再生産され、本来関わっていた無数の人々の姿が見えなくなってしまうという問題も起こりうると思いました。

＊3　日本の電子楽器メーカー、ローランドが1980年に発表した自動演奏装置「TR-808」のこと。当時は「リズム・マシン」とも呼ばれた。

＊4　河原温（1932─2014）1966年から描き続けた『日付絵画（Todayシリーズ）』や常に同じ「I am still alive.」という文面の電報を世界各地から発信するシリーズなどで知られる。公式なバイオグラフィは生年「29,771 days」とだけ記載されている。

山川　ルールというものは環境・時代などの状況によってかなり変動しますよね。わたしは、アーカイブはすべて残るべきだし、さらにそれがすべて誰でも使えるようになるべきだと考えています。ただ、いまの倫理観のなかではある程度の条件や期限を決めるべきだとは思いますね。

そのため、後の人が検証できるようにアーカイブの対象は広げておき、それらをどう使うのかは、その時代、その国の倫理にもとづいて考えていくことが重要だと思います。捨てる選択がされなければ、どういうルールを決めていただいても結構です。ただし、残したくないという方に対しては、個人の気持ちを尊重するべきだと思います。そうした配慮が技術的に可能ならば、やっておいてほしいという思いが強いですね。

デジタル化は何も残らない時代をつくる？

塚田　以前、宇川さんと文化財アーカイブにまつわる対談をお願いした、東京大学総合研究博物館館長（２０１６年当時）の西野嘉章さんは、「現代のあるゆる記録はすべてがデジタル化されて、結果として誰も使えないし、何も残らない時代になるのかもしれない」とおっしゃっていたのが印象的でした。（＊5）

宇川　西野さんとの対談で重要だと思ったのが、「デジタル技術を用いてこの時代のリアルを包括的に記録するという思想には、美学というものが根本的に欠落している」といった指摘ですね。言い換えれば、美学が欠落している情報をいくら残しても、そこには価値がない。いまはあり余るほどのデータが保管されていますが、AIには無駄だと識別されても、個々人のなかでは感情が沸き起こったり、琴線を刺激したりする「特別な解像度」を秘めた周縁情報、いわば「ノイズ」をいかに残すかが重要だと思っています。

山川　結局、人間が人間のかたちである限りは、記録を脳神経にどう伝達させるかが鍵になってくると思っています。つまり、人の五感を刺激して楽しんでもらうことが重要なんです。実はこのようなことを、すでにアニメーション業界は2000年頃に経験しています。従来は、セル画とカメラの間に空気が発生していたので、フィルムには微細なノイズが入っていたのですが、それがデジタル化でクリアになったことで、映像内に奥行きが出ず、画面が止まっているように見えてしまったんです。そこで、わざと撮影で揺らしを入れて空気感を出すという撮影技術を足しました。つまり、ノイズがないと人は受け付けてくれないんです。デジタル絵画を紙に印刷したり、表面の質感などのノイズを足して再現したりするような技術が求められてきていますね。

宇川　そもそも、人間自体が究極のノイズですからね。

＊5　Bound Baw「文化財アーカイブの欲望と使命　西野嘉章×宇川直宏」
http://boundbaw.com/inter-scope/articles/4

山川　そういうノイズを楽しむための方法が、次のビジネスになるのではないかなと。

宇川　それはすごく重要な視点だと思いますよ。

塚田　ノイズは人間や物質が現実空間に存在する以上、絶対に生じるズレだと思いますが、たとえばアーカイブを再現するときにも起こりえる「ズレ」にこそ面白さがあるのでないでしょうか。もしかしたら、今後のログの活かし方として、記録を正確に再現すること自体が実はあまり求められていないのかもしれません。

宇川　テクノロジー自体は日進月歩で進化して停滞しない、つまり残らないものなので、要するに当時の技術に加担しすぎている表現は残らないと思いますね。言いかえればデバイスは日々アップデートするので、メーカーが生産をストップした時点で、永久に再生可能である保証がなくなるからです。たとえば、80年代に流行った「8ミリビデオ」や、90年代半ばから10年ほど主流だった「ミニDV」というビデオカセットがありますが、それよりはるか昔の明治時代の35ミリフィルムからデジタルファイル化したアーカイブのほうがいまたくさん残っています。このことから、テクノロジーに特化した装置ではなく、生身の人間の手で再生できるメディアが一番強いということになります。なので、結論は紙芝居なのです（笑）。

山川　何を残すにしても最後は人ありきなので、わたしはこの少子高齢化の日本だけでアーカイブを続けるのはよくないと思っています。ファンを一人でも増やして、人と人をつなぐひとつの手段としてテクノロジーを最大限活かしつつ、最終的にはフィジカルが重要になってくる。その結果がアーカイブとして残るといいですよね。

AIは何を選別するのか

塚田　ノイズを感じられるのが人間だけだとすれば、AIが個人のデータを管理し、記録を残すような時代にどんな条件が必要だと思いますか。

山川　わたしは人間が有する身体性とは「制限」だと思います。もし死後AIが自身のアーカイブデータから自分を代替するようになったら、生前の自分よりAIのボディのほうがハイスペックになっていくのか、それとも完全にコピーした結果、その人が生前に触れた情報ソースのなかでしか成長しないという制限が生じるのかによって、内容が変わりますよね。

汎用性のあるソフトウェアになるのであれば、色々な環境で育っていく未来があるでしょうし、個人のキャラクターを維持するのであれば、その人が育った環境以外のノイズは寄せつけないことが必要になってくる。また倫理的な問題もありますよね。Siri やGoogle の検索エンジンのように、使う人たちによって教育されるAIは増えてくるんでしょうね。

宇川　ぼくらはつい先月、ヘアヌードの歴史を再考する番組を配信したんです。特に、篠山紀信さんが撮影した宮沢りえさんの写真集『Santa Fe』が１９９１年にリリースされた以降の話題ではトークもタイムラインも爆発的に盛り上がり、その当時の倫理観はもちろん、ＳＮＳ以降の芸術とわいせつの違いについて論争が巻き起こりました。

しかし、この番組はYouTubeで配信しているので、配信の倫理チェックはＡＩが行っているそうなんです。配信では、写真集の露出過多の部分をいわゆる〝のり弁〟的に大げさに黒で塗りつぶしたものを見せながら解説したりしましたが、自動的にＡＩがこの番組を「わいせつ」と判断したら、今後一切表には出ないコンテンツになり、アカウントが剥奪されてしまう。その一次審査を現在は実質ＡＩが行っていることになります。これは、今後のライフログとＡＩの関係においても重要なトピックだと思っています。

山川　知っている人は想像力を掻き立てられるけれど、知らない人は何のことだかわからないとすれば、その背後にある文脈から価値を見出せるのも人間ですよね。

宇川　そうそう、見ている人間による価値付けとは別のレイヤーにＡＩが介入してしまうんです。つまりＤＯＭＭＵＮＥのヘアヌード特集の番組は、そのＡＩに戦いを挑んだんですよ。結果的に、コンテンツ自体ははじかれませんでしたが、翌日のアーカイブはセンシティブ判定に引っかかり、センサーチップがつきました。つまり映像だけではなく、語っているテーマまでも瞬時に審査していることに戦慄しましたね。

死の概念は変化するのか

塚田　人間の体は死を迎えるけれど、ＡＩは理論上不死であるという決定的な違いがあると思います。生と死の境がさらに曖昧になっていくと予想される近未来において、死の概念はどう変化すると思いますか？

宇川　河原温さんの生涯にわたっての作家姿勢を考え続けたときに、生きているあいだというのはあくまで没するまでのプロセスであって、「死してようやく完成する」というメッセージを受け取ることができました。逆説的に言えば、たとえ未完成のまま亡くなったとしても、そこから先の誰かが物語を紡ぐことに賭けることもできる。そう考えると、ＡＩ時代において身体の死がひとりの人間の完結であるとはとらえがたいです。つまり故人が墓のなかから「いい加減死なせてくれよ」という事態も発生する可能性がある。

塚田　「三島由紀夫は自分の美学を完成させるために死を選んだのではないか」というコメントがYouTubeに来ていますが、まさにその通りですよね。

宇川　そのとおりです。逆に美学が貫き通せるなら、死後も生き続けることが可能なのだと思います。なので、生涯貫き通してきた美学が何者かの手によって改定されてしまうくらいなら、死んだほうがマシという考え方もあります。

山川　わたしは、「死」とは生きている人のためにあるものだと思います。お葬式やお墓は、その人が亡くなったことを生きている人たちが認識するためにあるのではないでしょうか？そこでけじめをつけて、残された人たちには自分の人生を歩んでほしいところを、ＡＩなんかを使って誰かがバーチャル世界で故人を復活させてしまうと、辻褄が合わなくなってしまうかもしれない。そのとき、復活させない、あるいは復活させたとしてもある一定期間以降は再生させないなどの使い方に変わってくるように思います。お盆に先祖が帰ってくる期間みたいな感覚になるのかもしれませんね。

石と神話の半永久的な持続

塚田　コロナ禍以降は葬儀サービスでもデジタル化が進んでいて、いかにお墓や仏壇、または終活をスマートに管理するかという傾向が顕著になっています。バーチャル霊園やデジタルデバイスの仏壇なども増えていますが、その一方で、デジタル空間はノイズがなさすぎて、一定の期間が経ったら誰も見向きもしなくなることだって考えられますよね。

山川　災害で津波が起こっても、最後に残っていたのが石碑だったという話は有名ですよね。地球上の環境であれば、石に何かを刻んで置いておけばある程度は残ると言えます。

宇川　実は、ぼくはいまちょうど石屋さんと仕事をしてるんです。ミニマル・ミュージックの代表的な作曲家であり、後にラーガを極めたテリー・ライリーさんに佐渡島を視察してもらって、気に入った場所を元に作曲をしてもらい、石のサウンド・モニュメントを残すというプロジェクトを２０２０年から続けています。最終的には２０２１年の９月に『さどの島銀河芸術祭』のなかで書き下ろした楽曲の演奏とモニュメントの発表会を行うんです。ぼくのアシスタントを数年やっていた吉田もりとくんという一番弟子のような佐渡在住の人物がプロデューサーです。

ぼくはこの芸術祭を通して、千年後に神話として語り継がれるような体験、いわば「民話の素」になる作品をつくりたいと思ってテリー・ライリーさんと一緒に2年近くかけてこの作品に取り組んできました。芸術は１００年持ちこたえてようやく真価を見出すと言いますが、ポストパンデミック以降に自分が考えているスケールは千年です。千年単位で何かを残そうと考えると、やはり石というメディアが欠かせないんですね。

なぜこういう発想に至ったかと言うと、吉田くんに案内されて何度も佐渡島を視察しているうちに、佐渡の要所要所にたくさん点在する動物の慰霊碑が語りかける民話性に気づいたことがきっかけでした。特にクジラが多いのですが、佐渡の人は自分たちからクジラを捕獲することはせず、死んで海岸に打ち上げられたクジラを海からの恵み、生命の糧として地域の住民と分け合っていました。そこで面白いのが、クジラの身体パーツを、誰が何グラムいただいたかまで克明に石碑に記録されているんですよ。言い換えればレシートや家計簿や集落の会計予算の内訳が石に刻まれているのと同義で、そのやりくりが千年残るって素敵すぎるなと（笑）。

なぜこの行為に心揺さぶられたかというと、ニコラス・ゲイハルターの『いのちの食べかた』やエリック・シュローサーの『フードインク』で問われていたような食に対する人間の業の深さではなく、日本古来の「いただきます」「ごちそうさま」という、命をいただいたその存在に対しての感謝の念が、千年残るメディアに刻まれているからなのです。またそこには祈りと同時に、生々しい人間関係も数字としてグラム単位で垣間見えている気がしていて、このノイズをはらんだ純朴なメディアとしての石碑に、

DOMMUNE Presents「LANDSCAPE MUZAK」PROJECT SADO #1
TERRY RILEY　@さどの島銀河芸術祭 2021

ぼくは芸術や神話、そしてライフログやアーカイブを考えるうえで重要な示唆があると思っています。ちなみにテリーさんと制作した石碑のタイトルは「WAKARIMASEN」（「わかりません」）です。ポストパンデミック期の新たなる祈りです。

塚田　「最も古典的で、いまもなお続くアーカイブは神話かもしれない」というコメントが来ています。神話という側面でも考えると、そこには動物や植物、自然現象や天体に至るまで、「人間以外の要素」が常に物語のなかに介入しています。つまり、人間がどれだけ今後データやライフログを残そうと躍起になっても、ノイズとして人間以外の介入が常に関わってくると思います。今後はＡＩという新たな要素が関わり合っていくときに、別のナラティブが立ち上がるのかもしれません。

宇川　ぼくはたとえＡＩだったとしても、神話を描く役割の一端を担うのは良いことだと思っています。スターウォーズという現代神話にオビワンやヨーダと同じくC-3POやR2-D2が重要なキャラクターを担っていることと同義です。

山川　自分のなかでちょっと矛盾が出てきたんですけれど、神話という言葉には常に「壮大な嘘である」というイメージもふくまれますよね。嘘もエンタメとして良いとしながら、その嘘が後で検証できるような情報を残したくなるのがアーカイブだったりします。でも、神話として物語性があるほうが人の関心を引きつけるので、神話はフロントマンとして立っていただいて、バックエンドはわたしたちのようなアーキビストが守るような体制になるんでしょうね。

宇川　的を射たお話だと思います。2018年のさどの島銀河芸術祭で行ったライブ「SADO INFINITY 88 Cymbal」では、ボアダムスのEYƎさんが水槽のなかで全身蛍光のドットがついたボディスーツを着て、シンバル隊88人の指揮をしました。それはもう宇宙人が∞型のUFOから降りてきて、棚田の水槽のなかに入って演奏を始めたというような光景だったわけですが、そこには5歳の子どもも観に来ていて、その子の実体験は将来「うちの島に宇宙人が来た」という記憶に民話として読み替えられていく可能性を秘めています。

しかしこのパフォーマンスが実際存在したことは嘘ではなく事実です。ここで重要になってくるのは、物語ではなく、「物語素」なんです。

「SADO INFINITY 88 Cymbal」 Photo: Dommune

物語の素を振りまくことによって、受け取った人が物語を紡いでいくという関係性がすばらしき神話のエネルギー循環なのかなと思いました。

塚田　人々は与えられた物語素を、口伝を通じて読み合いながら再生し続けるということですよね。

宇川　そのとおりです。実は佐渡島のクジラの遺影碑の話も、いまでは美談になっているけど、本当は集落同士がいがみ合って肉を奪い合って、小さな争いが起こったらしいのです。でもこのような欲望を経ても「ごちそうさま」を千年残したかった。神話と一緒にこのような生々しい出来事も受け継がれているのがむしろライフログの可能性で、山川さんのおっしゃっていた嘘や美談と、真実であるアーカイブとの絶妙なバランスなのかなと思います。

山川　何かがあったら知りたくなってしまうのは人間の業ですね。死してなお生き続けるために、ミイラをつくるのも人の業だし、それを掘り起こしてしまうのも、掘り起こさせないように黙ろうというのも人の業だし。その業を感じることによって自分が生きていると感じられることもある。そういうサイクルが回って、死とは何なのか、生きるとは何なのか、とずっと考えられていくんでしょうね。

塚田　まさにそれこそが考え続けるべき生と死のサイクルなのかもしれませんね。本日はありがとうございました。

（うかわ・なおひろ）現在美術家。映像作家、グラフィックデザイナー、VJ、文筆家、大学教授など、極めて多岐にわたる領域に活動を広げる。2009年に個人で開局したライヴストリーミング兼チャンネル「DOMMUNE」は、世界中のアーティストから熱狂的な支持を受け続け、開局10周年となる2019年11月に〝最前衛〟テクノロジーと共に渋谷PARCOへ移転。SUPER DOMMUNE tuned by au 5Gとして進化を遂げた。2012年より文化庁メディア芸術祭審査員（3年間）、2015年高松メディアアート祭ゼネラル・ディレクター、同年アルスエレクトロニカのサウンドアート部門審査員も務める。2021年、DOMMUNEの活動に於いて、令和2年度（第71回）芸術選奨文部科学大臣賞受賞。

（やまかわ・みちこ）2001年株式会社Production I.Gに入社し、制作、広報を経てアーカイブ担当へ。2002年にProduction I.G15周年事業に関わった以降は、創立当時から現在に至るまでの作品資料整理を行ってきた。近年は、動画協会データベース・アーカイブ委員会ワーキンググループの座長を務めるなど、積極的に社外のアニメスタジオとの情報共有を行い、アニメ業界でのアーカイブ方法の確立の為に日々活動を行っている。2018年度デジタルアーカイブ推進コンソーシアム デジタルアーカイブ産業賞 貢献賞受賞。

制作　HITE-Media

JST/RISTEX 研究領域「人と情報のエコシステム」採択プロジェクト

AIやロボットなどの情報技術が生活の隅々に浸透するなか、人々の暮らしや社会はどう変化するのか。人や社会への理解を深めながら、どんな問題が起きるかを考え、人間を中心とした視点で新たな技術や制度を設計していく研究領域「HITE（人と情報のエコシステム）」。この領域のアウトリーチ活動から生まれた「HITE-Media」は、異分野の人々を交えて活発な議論の場を創出していくプロジェクト。ここで生まれたさまざまな「問い」を人々に届けるべく、未来への想像力がふくらむメディア・コンテンツを制作し、情報技術と人々の新たな関係を一人ひとりが考えていけるようなプラットフォームを構築している。（研究代表・庄司昌彦／メディアリーダー・塚田有那）http://hite-media.jp/

HITE-Media これまでの活動

さまざまなテーマにもとづくオンライン座談会の開催、記事や動画コンテンツを制作してきた。文化庁東アジア文化都市のプロジェクト「国際マンガ・アニメ祭 Reiwa Toshima（2019）」では、研究者、マンガ家、編集者がタッグを組んで作品制作に取り組む「マンガミライハッカソン」に共催として参加。大賞受賞者のチーム『Her Tastes』によるオリジナルマンガも HITE-Media のウェブ上で掲載している。

PROFILE

表紙・巻頭マンガ　五十嵐大介

1969年、埼玉県生まれ。マンガ家。1993年に「月刊アフタヌーン」（講談社）にてデビュー。2004年『魔女』（小学館）にて文化庁メディア芸術祭マンガ部門優秀賞受賞。2009年『海獣の子供』（小学館）にて第38回日本漫画家協会賞優秀賞および第13回文化庁メディア芸術祭マンガ部門優秀賞受賞。近作に『ディザインズ』（講談社）絵本『バスザウルス』（亜紀書房）など。

編著　塚田有那

一般社団法人Whole Universe代表理事。編集者、キュレーター。世界のアートサイエンスを伝えるメディア「Bound Baw」編集長。2010年、サイエンスと異分野をつなぐプロジェクト「SYNAPSE」を若手研究者と共に始動。2012年より、東京エレクトロン「solaé art gallery project」のアートキュレーターを務める。2016年より、JST/RISTEX「人と情報のエコシステム（HITE）」のメディア戦略を担当。近著に『ART SCIENCE is. アートサイエンスが導く世界の変容』（ビー・エヌ・エヌ）、共著に『情報環世界 - 身体とAIの間であそぶガイドブック』（NTT出版）、編集書籍に長谷川愛『20XX年の革命家になるには - スペキュラティヴ・デザインの授業』（ビー・エヌ・エヌ）がある。

編著　高橋ミレイ

合同会社CuePoint代表。編集者、リサーチャー。エンタメ×AIに特化した最新の研究やニュースを発信するメディア「モリカトロンAIラボ」編集長。2020年よりJST/RISTEXの研究プロジェクトのひとつである「HITE-Media」編集部に参加。2021年より東京大学次世代知能科学研究センター主催イベントの企画運営を担当。国内外のエンターテインメント産業におけるAIの開発導入例や、新技術の社会実装に伴うさまざまな課題、オンラインプラットフォームを活用した社会活動などについて取材を行う。2017年よりゲーム研究読書会を主宰。

RE-END

死から問うテクノロジーと社会

2021年10月15日　初版第1刷発行

編著　塚田有那（HITE-Media ／ Whole Universe）
　　　高橋ミレイ（HITE-Media ／ CuePoint LLC）
マンガ編集　山内康裕（一般社団法人マンガナイト、HITE-Media）
　　　松尾奈々絵（一般社団法人マンガナイト）
協力　豊田夢太郎（株式会社ミキサー）
表紙イラスト　五十嵐大介
装丁・デザイン　佐藤亜沙美（サトウサンカイ）
DTP　阪口雅巳（エヴリ・シンク）
制作進行　石井早耶香
制作　HITE-Media
発行人　上原哲郎
発行所　株式会社ビー・エヌ・エヌ
〒150-0022
東京都渋谷区恵比寿南一丁目20番6号
Fax: 03-5725-1511　E-mail: info@bnn.co.jp
www.bnn.co.jp
印刷・製本　シナノ印刷株式会社

ISBN978-4-8025-1229-9　Printed in Japan